ZEITSCHRIFT FÜR ANGEWANDTE GEOLOGIE

8

BAND 36
AUGUST 1990

ISSN 0044-2259
Z. angew. Geol., Berlin
36 (1990) 8, 281–320

Herausgeber:
Zentrales
Geologisches
Institut

AKADEMIE-VERLAG BERLIN

Zeitschrift für angewandte Geologie

BAND 36 1990 HEFT 8

	INHALT	СОДЕРЖАНИЕ	CONTENTS
BUCKUP, K.; WECK, D.	Einsatz der Bohrlochmessung in übertiefen Bohrungen der DDR S. 281–285, 6 Abb., 7 Lit.	Использование геофизических исследований в сверхглубоких скважинах ГДР стр. 281–285, 6 илл., 7 лит. ист.	Use of well logging in ultradeep wells in der GDR pp. 281–285, 6 Figs., 7 Refs.
MRAZEK, J.	Holozänmächtigkeiten und Sediment-Akkumulationsraten in Abhängigkeit von der Karbonatlösung in Tiefseegebieten des südlichen Nordatlantiks S. 285–291, 4 Abb., 5 Tab., 23 Lit.	Мощности голоцена и скорости осадконакопления и их зависимость от карбонатных растворов в морских глубоководных бассейнах южной части Северной Атлантики стр. 285–291, 4 илл., 5 табл., 23 лит. ист.	Holocene thicknesses with sediment accumulation rates in dependence of carbonate solution in deep sea regions of the southern North Atlantic pp. 285–291, 4 Figs., 5 Tables, 23 Refs.
DIETRICH, P. G.; KONTAR', E. A.	Ermittlung aktuo-fazieller Bedingungen am Meeresboden mit Hilfe autonomer Bodenstationen S. 292–296, 6 Abb., 3 Tab., 7 Lit.	Выявление актуофациальных условий на морском дне с помощью автономных донных станций стр. 292–296, 6 илл., 3 табл., 7 лит. ист.	Investigation of actuo-facial conditions at the sea floor by autonomous bottom stations pp. 292–296, 6 Figs., 3 Tables, 7 Refs.
BIRKE, M.; RENTZSCH, J.	Komplexe Auswertung regionaler geochemischer Prospektionsmethoden im Bereich des Rambergmassivs Teil 3: Interpretation und Bewertung der Prospektionsergebnisse S. 296–300, 5 Abb., 3 Tab., 30 Lit.	Комплексная интерпретация региональных методов геохимической съемки в районе Рамбергского массива Часть 3: Интерпретация и оценка результатов съемки стр. 296–300, 5 илл., 3 табл., 30 лит. ист.	Complex interpretation of regional geochemical prospecting methods on the district of Ramberg massif Part 3: Interpretation and estimation of prospecting results pp. 296–300, 5 Figs., 3 Tables, 30 Refs.
DENEF, K.; DOLL, G.; HÄUSSER, D.; KARPE, W.	Vorkommen und Nutzung von Begleitrohstoffen einschließlich Bernstein im Raum Bitterfeld S. 300–306, 6 Abb., 5 Lit.	Наличие и использование сопутствующего сырья, включая янтарь в районе Биттерфельда стр. 300–306, 6 илл., 5 лит. ист.	Deposits and use of accompanying raw material including amber in the region of Bitterfeld pp. 300–306, 6 Figs., 5 Refs.
WEISSE, R.	Gesetzmäßigkeiten der vertikalen und horizontalen Verbreitung periglazialer Steinanreicherungen in den mittleren Glazialgebieten der DDR S. 306–312, 8 Abb., 1 Tab., 15 Lit.	Закономерности распространения в разрезе и в плане перигляциальных каменистых скоплений в средних ледниковых районах ГДР стр. 306–312, 8 илл., 1 табл., 15 лит. ист.	Regularities of the vertical and horizontal distribution of periglacial stone accumulations in the central glacial regions of the GDR pp. 306–312, 8 Figs., 1 Table, 15 Refs.
LECHMANN, E.	Eichprobenarme Röntgenfluoreszenzanalyse von Haupt- und Nebenkomponenten in geologischen Proben Teil 2: Kalibrierung und Konzentrationsgleichung S. 312–314, 1 Tab., 7 Lit.	Рентгенофлюоресцентный анализ основных и второстепенных компонентов в геологических образцах при малых количествах эталонных проб Часть 2: Калибровка и расчет концентраций стр. 312–314, 1 табл., 7 лит. ист.	Calibrating-sample poor X-ray analysis of major and minor compounds in geological samples Part 2: Calibration and calculation of concentration pp. 312–314, 1 Table, 7 Refs.
Tagungsberichte	S. 315–317		
Buchbesprechungen	S. 317–320		

Zeitschrift für angewandte Geologie is indexed in Current Contents PS & ES

Titelbild:

Helgoland — Buntsandsteinriff und „Lange Anna" (dazu siehe auch dritte Umschlagseite)
Aufnahme: ROLF REINICKE, Stralsund

Die ZEITSCHRIFT FÜR ANGEWANDTE GEOLOGIE berichtet ständig über folgende Arbeitsgebiete: Geologische Grundlagenforschung und Lagerstättenforschung / Methodik der geologischen Erkundung / Ökonomie und Planung der geologischen Erkundung / Technik der geologischen Erkundung / Geologie und Lagerstättenkunde im Ausland. In der Zeitschrift können alle strittigen Fragen der praktischen Geologie behandelt werden. Die Autoren übernehmen für ihre Aufsätze die übliche Verantwortung.

ZEITSCHRIFT FÜR ANGEWANDTE GEOLOGIE

BAND 36 / 1990 / HEFT 8

Einsatz der Bohrlochmessung in übertiefen Bohrungen der DDR

KLAUS BUCKUP, DIETER WECK, Gommern

Einleitung

In der Vergangenheit wurden von LEHNERT (1962), ROTHE, SCHLOSSER & WIPPER (1978) sowie FRICKE & SCHLOSSER (1980) Arbeiten über Probleme und Erfahrungen bei der bohrlochgeophysikalischen Vermessung übertiefer Bohrungen in der DDR veröffentlicht. Die Verfasser stellten technologische Probleme, die Meßausrüstung und deren Vorbereitung in den Vordergrund, und breiten Raum nahmen Temperaturfragen (maximale Abkühlung des Bohrlochtiefsten als Vorbereitung auf die Messung, Temperaturaufbaukurven nach Maximaltemperaturmessungen, Ermittlung der Gebirgstemperatur mit kontinuierlichen Temperaturmessungen) ein. Das von o. g. Autoren Dargelegte besitzt noch Gültigkeit und findet im Rahmen des kontinuierlichen Tiefbohrforschungsprogramms der DDR konsequente Anwendung. Neben Fortschritten auf den genannten Gebieten sollen in diesem Beitrag an Meßbeispielen aus der Bohrlochmessung resultierende geologisch-geophysikalische Aspekte betrachtet werden.

Zum Begriff „Übertiefe Bohrung" im bohrlochgeophysikalischen Sinne

Aus bohrlochgeophysikalischer Sicht sind drei Größen ausschlaggebend für eine Kategorisierung tiefer Bohrungen:

- Druck
- Temperatur
- Bohrlochdurchmesser

Diese Parameter sind in ihrem Zusammenspiel entscheidend für die Einschätzung der Meßbarkeit. Abgesehen von der Kabellänge ist die Teufe für eine mögliche Meßrealisierung kaum eine relevante Größe. Zusätzliche Bedingungen werden durch ökonomische Gesichtspunkte aufgeprägt. In Anlehnung an die technische Entwicklung wurde weltweit angenommen, daß eine Teufe von 4500 m bei etwa 160 °C und 80 MPa als Einsatzgrenze für bohrlochgeophysikalische Standardgeräte anzusehen wäre, so daß Teufen über 4500 m als „übertief" angegeben werden. Neuere technische Entwicklungen sollten die Meßbarkeit widerspiegeln, die sich damit als variable Größe anbietet. Die Meßbarkeitsgrenze wird sich in größeren Tiefen bewegen. Konsequenterweise müßte für die Bohrlochmessung folgende Begriffsbestimmung das Problem am besten wiedergeben:

1. keine Realisierungsprobleme	— Tiefbohrung
2. im Einzelfall meßbar	— übertiefe Bohrung
3. bei Bohrbeginn mit herkömmlichen Mitteln nicht meßbar	— supertiefe Bohrung

Bisherige Höchstleistungen

Die Bohrlochmessung der DDR kann auf folgende Höchstleistungen verweisen:

- Bohrlochmessungen wurden bis zu einer Teufe von 7550 m durchgeführt.
- Die Gebirgstemperaturen variieren in 7 km Teufe von 185 °C in NE- bis 235 °C in SW-Mecklenburg. Die verschiedenen Meßverfahren konnten bis zu folgenden Temperaturen eingesetzt werden:

Lithologischer Meßkomplex	
natürliche Gammastrahlung	227 °C
Gammaspektrometrie	163 °C
Widerstandsmeßkomplex	
Induktionslog	195 °C
Laterolog	195 °C
Konventionelle Gradientsonden	195 °C
Porositätsmeßkomplex	
Akustiklog	221 °C
Neutron-Gamma-Log	227 °C
Neutron-Neutron-Log	167 °C
Gamma-Gamma-Log	167 °C
Sonstiges	
Bohrlochabweichung	230 °C
Schichtneigungsmessung	177 °C
Kaliber	229 °C
Maximaltemperatur	230 °C

  Durch konsequente Anwendung der Kühltechnologie, mittels derer eine Abkühlung des Bohrlochtiefsten um ca. 40 K erreicht werden kann, konnten alle lithologischen, lagerstättenkundlichen oder sonstigen Probleme gelöst werden.
- Druckprobleme entstanden bisher nicht in den tiefsten Bereichen der Forschungsbohrungen, sondern im tieflagernden Zechsteinsalz und im salinaren Rotliegenden. Um das Fließen des Steinsalzes und/oder unterkompaktierter Tonsteine zu verhindern, d. h. die unter anomal hohem Schichtdruck stehenden Schichten komplikationslos durchteufen zu können, wurden Spülungsdichten bis 2,25 g/cm³ erforderlich[1]). In den Jahren 1979—1989 mußten die Borhlochmeßsonden dreimal einem Druck von 113 MPa widerstehen.

Hilfsmittel für Feldgeophysik

Während des ersten Karbonaufschlusses (Bohrung Greifswald 1/62) in der Norddeutsch-Polnischen Senke trat eine Erscheinung hervor, die noch heute zumindest die Magnetotelluriker beschäftigt: extreme Widerstandsminima, verbunden mit positiven Eigenpotentialauslenkungen, angetroffen zumeist innerhalb toniger Sedimente (Abb. 1). Leitfähigkeitsmessungen am ausgelegten Bohrkern bestätigten die Bohrlochmessung und identifizierten millimeter- bis dezimeter-

[1]) Erste Abschätzungen des Gebirgsdruckes nach Bohrlochmessungen erfolgten im salinaren Rotliegenden der DDR im Jahre 1970.

Eingang des Manuskripts in der Redaktion: 19. 12. 1989

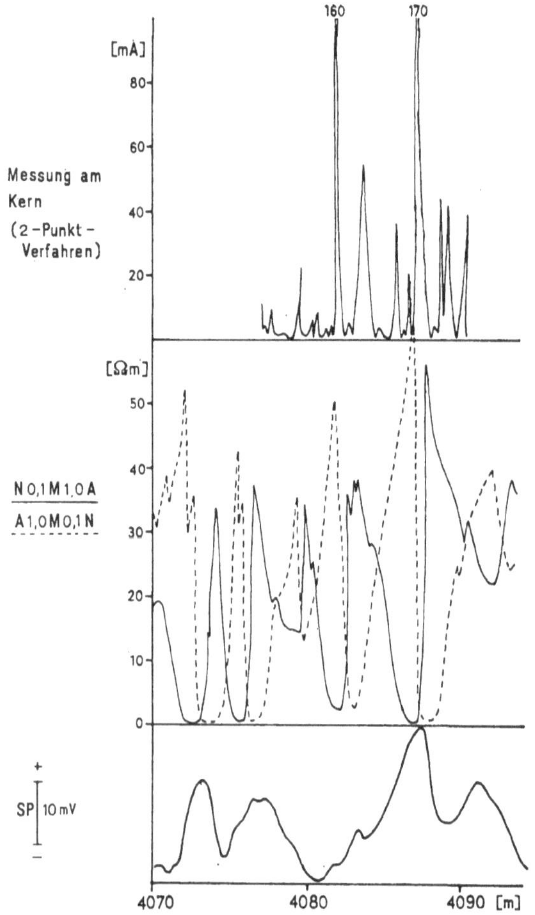

Abb. 1. Leitfähigkeitsanomalien im Karbonprofil der Bohrung Greifswald 1/62

SP – Eigenpotentialkurve; N 0,1 M 1,0 A – Oberkantengradientsonde der Länge 1,05 m; A 1,0 M 0,1 N – Unterkantengradientsonde der Länge 1,05 m

mächtige stark inkohlte graphitisch-anthrazitische Pflanzenreste[2]) sowie Sulfiderzanteile (meist Pyrit) als Ursache der metallischen Leitfähigkeit und der Redoxpotentiale. PORSTENDORFER untersuchte 1966 zwei Kohleproben der Bohrung Barth 1 aus 4380 m Teufe mit der 4-Punkt-Wenner-Anordnung und erhielt Unterschiede in den Größenordnungen 6,2 bzw. 0,04 Ohm · m. Es spielt offenkundig eine entscheidende Rolle, ob durchgehende elektrische Leiterbahnen vorliegen, d. h. wie die hochinkohlte Substanz und/oder Pyritanteile räumlich verteilt sind.

Derartige Leitfähigkeitsanomalien wurden in der DDR bisher in Ablagerungen des Karbon und Devon angetroffen, in einer Teufe von 5940 m auch inmitten eines basischen magmatischen Gesteines. Auch fokussierte Widerstandsmeßverfahren — noch weniger das Dichtelog — weisen nicht das notwendige Auflösungsvermögen auf, um Mächtigkeit und den wahren spezifischen Gesteinswiderstand ermitteln zu können.

Zur Klärung der Norddeutsch-Polnischen Leitfähigkeitsanomalie kommen sonst in den bisher durch Tiefbohrungen erreichten Teufen (max. 8000 m) in Frage:

— Im Verbreitungsgebiet des salinaren Rotliegenden sind Tonsteine unterkompaktiert und wenig entwässert. Neben sehr niedrigen P-Wellengeschwindigkeiten (bis 2700 m/s) und geringeren Gesteinsdichten (ca. 2,4 g/cm³) weisen sie sehr geringe spezifische Gesteinswiderstände auf: So wurden in einer Bohrung in 5250 m Teufe 0,2 Ohm · m, in 5550 m lediglich 0,3 Ohm · m gemessen.

— Weiterhin werden in Teilbereichen von Effusiva des Autun noch wahre spezifische Widerstände um oder kleiner als 1 Ohm · m angetroffen. Beispiel dafür ist der in Abb. 2 dargestellte Auszug einer Bohrlochmessung: Unter einer 125 m mächtigen Decke sauren Gesteins — Deckengliederung nach Bohrlochmessungen erstmals 1968 im Raum Richtenberg (WECK 1970) — folgen unterhalb 3480 m 115 m intermediär-saures Gestein, das an erniedrigter natürlicher Gammastrahlung und erhöhter Gesteinsdichte zu erkennen ist. Unterhalb 3509 m fällt der spezifische Gesteinswiderstand um über eine Größenordnung bis auf minimal 0,7 Ohm · m ab und behält diese niedrigen Werte bis 3553 m, also über ein Gesteinspaket von 44 m Mächtigkeit.

Die beiden letzten Fälle können auch als Beispiele für Präzechstein-Reflexionshorizonte der Seismik herangezogen werden. Überwiegend weisen im Beckenzentrum der Norddeutsch-Polnischen Senke Ton-, Silt- und Sandsteine des Rotliegenden ähnliche petrophysikalische Parameter auf, weshalb das Aushalten von Reflexionshorizonten zum großen Problem wird. Poröse Sandsteine (Abb. 3) besitzen andere Schallhärtewerte; sie halten jedoch selten weit aus. Daß das salinare Rotliegende seismisch auszugliedern ist, ist inzwischen allgemein anerkannt. Diese Möglichkeiten auch innerhalb der effusiven Decken des Autuns zu sehen, ist schon weniger verbreitet; begrenzte Flächenerstreckungen können zu den gleichen Problemen wie bei porösen Sandsteinen führen.

Rationalisierungsmittel für die geologische Erkundung

In Bohrlöchern aller Art werden Bohrlochmessungen weltweit mit hohem rationalisierenden Effekt genutzt. In besonderem Maße gilt das für übertiefe Bohrungen, weil die enormen Auf-

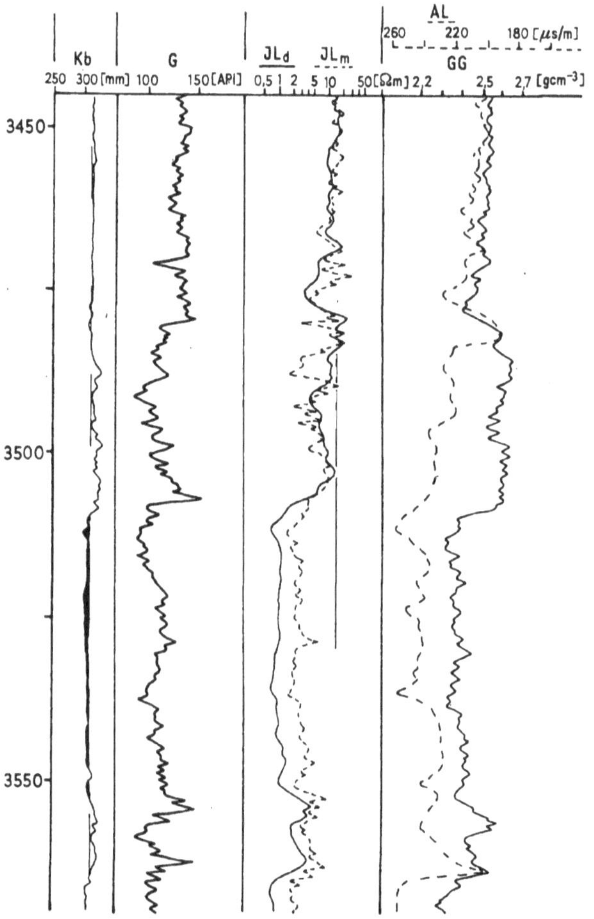

Abb. 2. Poröses Effusivgestein größerer Mächtigkeit

Kb – Kaliberkurve mit Filterkuchenansatz (schwarz); G – Gammalog; IL – Induktionslog größerer (IL_d) und mittlerer (IL_m) Eindringtiefe; AL – Akustiklog; GG – Gamma-Gamma-Log

[2]) Schlußfolgerungen aus Widerstandswerten von Kohlen und Tonsteinen auf Inkohlungsgrad, Paläotemperaturen und Kohlenwasserstoffhöffigkeit begannen 1962 (z. B. SCHLOSSER 1970).

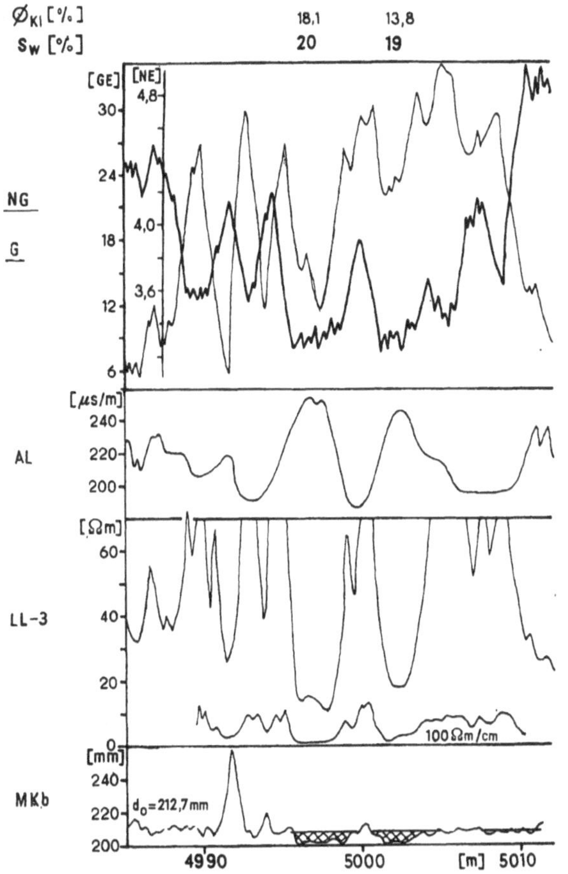

Abb. 3. Tieflagernder gasführender Sandstein aus dem Rotliegenden
MKb – Mikrokaliberkurve; LL-3 – Dreielektrodenlaterolog; NG – Neutron-Gamma-Log; S_w – Grad der Wassersättigung; Φ_{KI} – Porosität nach Komplexinterpretation

wendungen unter optimaler Einsparung kostenintensiver Kernarbeiten in einem adäquaten geologischen Informationsgewinn resultieren müssen. Jede nicht gewonnene Information ist auf lange Sicht verloren, da übertiefe Bohrungen in der Regel unikalen Charakter haben. Auf Grund der erhaltenen Erkenntnisse müssen Entscheidungen hoher volkswirtschaftlicher Tragweite getroffen werden. Deshalb ist eine vollständige bohrlochgeophysikalische Vermessung nach einem optimalen Meßprogramm vorrangig.

Die Problematik der Interpretation gering poröser ± klüftiger Speicher rückt mit zunehmender Teufe immer mehr in den Vordergrund, so daß auch im Zusammenhang mit dem im allgemeinen einzigartigen Charakter der Ergebnisse übertiefer Bohrungen eine echte Gemeinschaftsarbeit Bohrlochgeophysiker — Geologe — Petrophysiker erforderlich ist, um zu optimalen Ergebnissen zu gelangen.

Als Beispiel für das Standardmeßprogramm diene Abb. 4. Das Profil ist lithologisch klar interpretierbar, petrophysikalische Parameter sind erkennbar bzw. ableitbar. Bis 6156 m herrscht Tonstein vor (ϱ um 2,70 g/cm^3, v um 4500 m/s, R_t = 30—50 Ohm), bis 6170 m Sandstein mit Porositätswerten von maximal 2% (nach Gamma-Gamma-Log 0—2%, nach Akustiklog 0—2%, nach Induktionslog 1—2%). Ansteigende Dichte- (ϱ = 2,80 g/cm^3), Geschwindigkeits- (v = 5500—6250 m/s) und Widerstandswerte und weiter abnehmende natürliche Gammastrahlung deuten unterhalb 6170 m auf basisches magmatisches Gestein hin, das bei 6200 m und 6205 m von auskesselnden Tuffiten unterbrochen wird. Letztere weisen nach Widerstandsmessungen eine erwähnenswerte effektive Porosität auf und sind wahrscheinlich stark zersetzt.

Neben Grundlagenforschung ist die Kohlenwasserstofferkundung vornehmstes Ziel von Tiefbohrungen. Abb. 3 bringt im Ausschnitt die entscheidenden Bohrlochmeßverfahren des bisher tiefsten Erdgasnachweises auf dem Boden der DDR. Nach bohrlochgeophysikalischer Komplexinterpretation (FRICKE 1980) ergibt sich in den beiden Sandsteinen eine Matrixporosität von Φ_{KI} = 18,1% (Kern = 17,3%) und 13,8%; der Grad der Wassersättigung berechnet sich zu S_w = 20%. Die Permeabilität der Sandsteine kommt deutlich in Filterkuchenansätzen zum Ausdruck. Wenn auch die Mächtigkeit der Sandsteine nicht sehr groß ist — die Tatsache, daß auch auf dem Boden der DDR in 5000 m Teufe ein bemerkenswert großer Porenraum erhalten sein kann, gibt zu optimistischen Erkundungskonzeptionen Anlaß.

Filterkuchenbildung ist auch in Abb. 2 zu erkennen; der Bereich mußte wiederholt nachgebohrt werden. Beides sind untrügliche Anzeichen dafür, daß diese Bereiche des magmatischen Gesteins Speichergesteinseigenschaften aufweisen. Im vorliegenden Fall wurde nach Bohrlochmessung als unteres Speicherkriterium eine Porosität von 12% bestimmt.

Bei übertiefen Bohrungen rückt Klüftigkeit der Gesteine, speziell der Karbonatgesteine, in den Vordergrund. Auch hier dürfen Magmatite, speziell die Effusiva des Autun, nicht übersehen werden. So wurde durch Bohrlochmessungen nach 200 m homogen ausgebildetem saurem Effusivgestein (v um 5500 m/s, ϱ um 2,55 g/cm^3) Gesteinsauflockerung festgestellt, die ihren Höhepunkt im Teufenbereich 5039—5040 m hat (Abb. 5). Widerstandsmessungen ergeben sich bis 17%, nach Akustiklog 19%, nach Gamma-Gamma- und Neutron-Neutron-Log 25% als Matrixporosität bzw. einige Prozent Kluftporosität nach der Fachliteraturformel (z. B. SCHLUMBERGER Inc. 1983), die darauf aufbaut, daß kernphysikalische Porositätsverfahren die Gesamtporosität, das Akustiklog nur die Matrixporosität widerspiegeln soll. Die Ergebnisse sind als grobe Näherungen zu werten, da die Verknüpfungsbeziehungen Bohrlochmeßgrößen — petrophysikalische Parameter, die bei Sedimentiten schon weit streuen, nach eigenen Erfahrungen

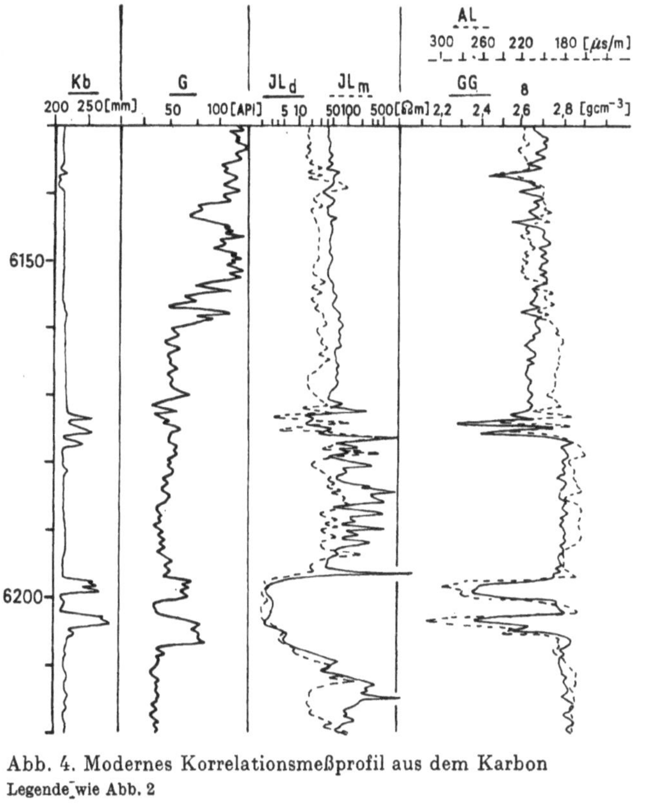

Abb. 4. Modernes Korrelationsmeßprofil aus dem Karbon
Legende wie Abb. 2

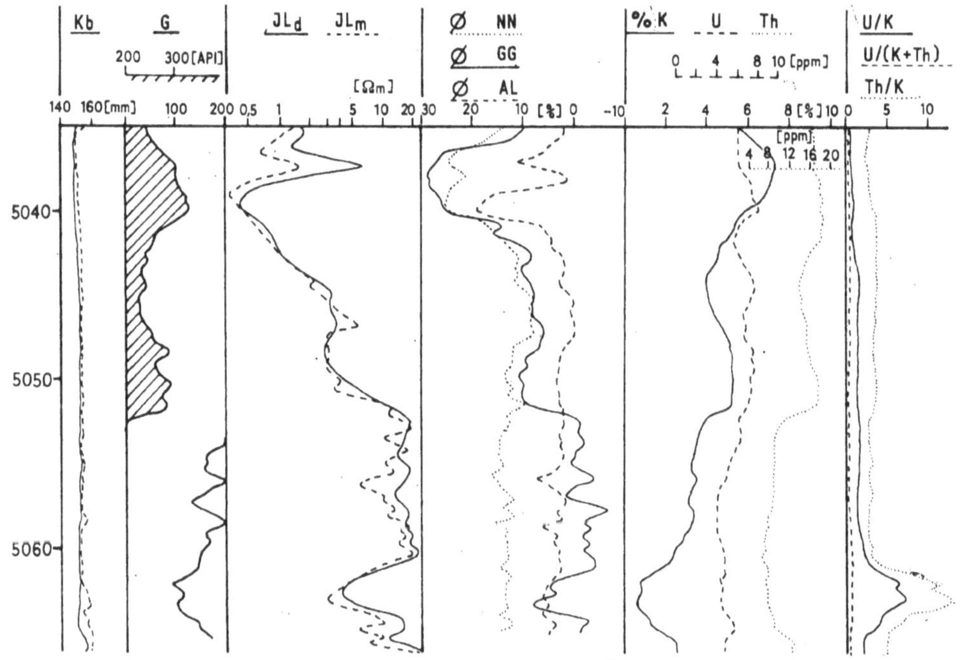

Abb. 5. Porös-klüftiges Effusivgestein mit gammaspektrometrischer Vermessung
Φ_{NN} Φ_{GG}, Φ_{AL} – Porosität nach Neutron-Neutron-Log, Gamma-Gamma-Log und Akustiklog

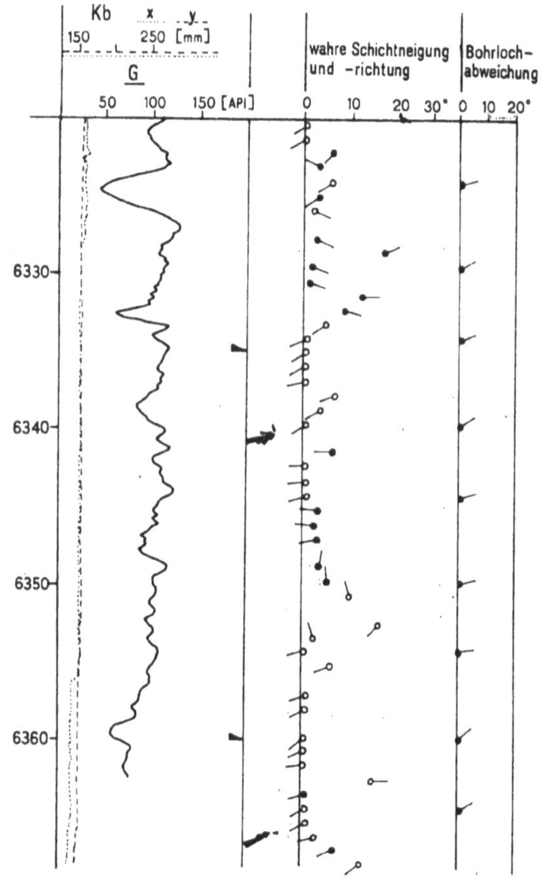

Abb. 6. Beispiel einer Schichtneigungsmessung aus größerer Teufe

nur sehr bedingt auf magmatisches Gestein übertragbar sind. Außerdem variieren Matrixdichte und -laufzeit von magmatischen Gesteinen stark, was u. a. in „negativen Porositätswerten" im GG-Log unterhalb 5052 m (intermediär-saures Gestein) zum Ausdruck kommt. Daß hohe Permeabilität besteht, beweist der Gestängetest mit starkem (ca. 120 m³/d) Salzwasserzufluß ($\varrho = 1{,}22$ g/cm³). Um den Ursprung der Gammastrahlungsanomalie von 325 API-Einheiten zu klären, wurde später noch Gammaspektrometrie durchgeführt. Es zeigt sich, daß evtl. erwartete Uran-Anreicherungen als Zeichen klüftiger Zonen im Zuflußbereich nicht auftreten; als Anonalie ist lediglich die starke Abnahme des Kaliumgehaltes im Bereich 5062–5064 m zu werten.

Da die Informationen aus übertiefen Bohrungen auch eine möglichst weite flächenhafte Erstreckung aufweisen sollen, sind Schichtneigungsmessungen von hervorragender Bedeutung. Abb. 6 zeigt einen Ausschnitt einer Schichtneigungsmessung im Saxon aus über 6000 m Meßteufe. Bei hervorragender Bohrtechnik (nahezu senkrecht verlaufendes Bohrloch) wird in den vorherrschend tonigen Partien ein Schichteinfallen von 1 bis 3° nach WSW erkennbar.

Zusammenfassung

Seit den 60er Jahren werden in der DDR übertiefe Bohrungen niedergebracht, wobei sich der Begriff mit der technischen Entwicklung gewandelt hat. Es werden die derzeitigen Höchstleistungen hinsichtlich Temperatur, Druck und Teufe angeführt. An einigen Meßbeispielen wird das Rationalisierungsmittel Bohrlochmessung in seiner Anwendung für die geologische Erkundung erläutert.

Резюме

Начиная с 60-х годов в ГДР ведется бурение сверхглубоких скважин, при этом данный термин претерпевал изменения в связи с развитием технического прогресса. В работе приводятся максимальные температуры, давления и глубины в скважинах, где проводились работы ГИС. На некоторых примерах показывается рационализирующая роль ГИС в геологической разведке.

Summary

Since the sixties ultradeep wells are drilled in the GDR, but the term changed accordingly to the technical development. There are given the actual records for temperature, pressure and depth. By meaning of some examples the rationalizing method "well logging" is discussed for its application in geological exploration.

Literatur

FRICKE, S.: Komplexe Interpretation bohrlochgeophysikalischer Meßwerte zur Ermittlung von Porosität und Tongehalt. – Z. geol. Wiss., Berlin 8 (1980) 12, S. 1511–1520

FRICKE, S.; SCHLOSSER, P.: Probleme der Ermittlung von Gesteinstemperaturen durch Bohrlochmessungen in übertiefen Bohrlöchern der DDR. – Z. angew. Geol., Berlin 26 (1980) 12, S. 619–623

LEHNERT, K.: Probleme der Bohrlochmessung und Perforation in tiefen und engen Bohrlöchern. – Z. angew. Geol., Berlin 8 (1962) 7, S. 368–370

ROTHE, K.; SCHLOSSER, P.; WIPPER, R.: Erfahrungen bei geophysikalischen Messungen in übertiefen Bohrlöchern der DDR. – Z. angew. Geol., Berlin 24 (1978) 7/8, S. 322–325

SCHLOSSER, P.: Geothermische Untersuchungen im Norddeutschen Sedimentbecken. – Freiberg: Bergakademie Freiberg, Diss. A 1970

WECK, D.: Auswertung des geologischen Informationsgehaltes von geophysikalischen Bohrlochmessungen, erläutert an Beispielen aus Trias und Perm des Nordostens der DDR. – Freiberg: Bergakademie Freiberg, Diss. A 1970

SCHLUMBERGER Inc.: Well evaluation conference India 1983. – Singapore: Vincent Printing Press 1983

Holozänmächtigkeiten und Sediment-Akkumulationsraten in Abhängigkeit von der Karbonatlösung in Tiefseegebieten des südlichen Nordatlantiks

JOHANN MRAZEK, Greifswald

Mitteilung aus der Sektion Geologische Wissenschaften der Ernst-Moritz-Arndt-Universität

Vorbemerkung und Problemstellung

Vorliegender Beitrag ist Bestandteil und Fortsetzung einer Artikelserie in dieser Zeitschrift, die in Tiefseegebieten des N-amerikanischen und des NW-afrikanischen Beckens die Ablagerungsprozesse und die Sedimentverteilung in Abhängigkeit von den Karbonatlösungsvorgängen untersucht. Dieser fünfte Artikel analysiert die Auswirkungen der beiderseits des Mittelatlantischen Rückens auftretenden Kalklösung auf die Akkumulationsgeschwindigkeiten holozäner Tiefseeablagerungen und die dabei erreichten Mächtigkeiten. Die zuvor gewonnenen Untersuchungsresultate induzierten unmittelbar das Aufgreifen dieser Problematik. Ihre Kenntnis ist Voraussetzung zum Verständnis dieses Beitrages.

Folgende Überlegungen bildeten dabei den Ausgang: Das Tiefseephänomen der Lösung des biogenen Karbonates in seiner Gesamtheit hat erhebliche Auswirkungen auf die Materialakkumulation am Meeresboden. Auflösung des Biokalkes im Wasserkörper und/oder im Oberflächensediment wird demnach die potente Sedimentationsrate und damit die Mächtigkeit pro Zeiteinheit reduzieren. Zuvor waren der diskontinuierliche, tiefenabhängige Verlauf dieser Entkalkung in beiden Becken sowie ihre Tiefen- und Intensitätsunterschiede im intraozeanen W–E-Vergleich nachgewiesen worden (MRAZEK & KOLYSCHKOW 1987). Wenn also der $CaCO_3$-Gehalt der Sedimente über den Lösungsvorgang in Funktion zur Wassertiefe steht, dann muß auch ein Zusammenhang mit den Ablagerungsgeschwindigkeiten und Sedimentmächtigkeiten vorhanden und nachweis- sowie quantifizierbar sein. Diese sedimentologischen Parameter müssen dann beispielsweise an den Lysoklinentiefen deutlich andere Werte aufweisen als an den Karbonatkompensationstiefen. Ebenso müßten sich die aufgedeckten Intensitäts- und Tiefenunterschiede der Kalkerosion westlich und östlich des Mittelatlantischen Rückens gleichermaßen in Differenzen der Akkumulationsraten und der von ihnen erzeugten Materialmächtigkeiten abbilden. Vorausgesetzt wird dabei ein im wesentlichen tiefenunabhängiger und äquivalenter Tonmineralanteil am Gesamtsediment in den hier untersuchten tiefsten Beckenteilen, der sich dann entsprechend der differenzierten $CaCO_3$-Ausmerzung relativ verändert (MRAZEK 1987).

Kernauswahl und Holozänabgrenzung

Zur Bearbeitung dieser Problematik konnten Resultate biostratigraphischer Untersuchungen an insgesamt 54 ausgewählten Untersuchungsstationen beider Arbeitsgebiete zur Ausgliederung des Holozäns herangezogen werden. Davon liegen 39 Stationen im N-amerikanischen und 15 Positionen im NW-afrikanischen Becken; sie gehören jeweils zu den im ersten Beitrag mit 115 im westlichen und 34 im östlichen Polygon angegebenen Meßpunkten. Neben dieser Stationsidentität waren die annähernd gleichmäßige Verteilung dieser ausgewählten Beprobungspunkte über die gesamten großräumigen Areale sowie eine hinreichende bathymetrische Differenzierung, womit alle auftretenden Sedimenttypen erfaßt wurden, weitere günstige Voraussetzungen, um die Materialansammlung auf die Karbonatlösung beziehen zu können.

Eingang des Manuskripts in der Redaktion: 26. 7. 1989

Die Abgrenzung der Ablagerungen holozänen Alters gegenüber denen der letzten Kaltzeit erfolgte sowohl klimastratigraphisch nach Foraminiferen (totale Faunenanalyse) als auch unter Nutzung der Zonenfolgen nach Coccolithen (BACH, I. 1977; WORMBS, J. 1979). Danach kann die Limitierung des Pleistozäns zum Holozän als gesichert angesehen werden. Der an der Foraminiferenassoziation erkennbare letzte Klimawechsel und die obere *huxleyi*-Zone nach Coccolithen — quantitativer Sprung der Leitform *Emiliania huxleyi* — kennzeichnen den Übergang der jüngsten kaltzeitlichen (Würm-) Sedimente zum Holozän.
Wie bereits im einführenden Beitrag dieser Serie annonciert, konnte im Ergebnis einer ersten Übersicht zu den holozänen Mächtigkeiten in den 54 Tiefseekernen festgestellt werden, daß sie erheblichen Schwankungen unterliegen. Im westseitigen Becken oszillieren sie in Einzeldaten zwischen 4 und 50 cm, im östlichen Areal zwischen minimal 10 cm und 50 cm im maximalen Wert.

Holozänmächtigkeiten in Abhängigkeit vom Sedimenttyp

Diese zunächst beziehungslos festgestellten, beträchtlichen Abweichungen in der Mächtigkeit der postpleistozänen Sedimentdecke veranlaßten eine Überprüfung unter dem Aspekt der sie bildenden Sedimenttypen. In ihrem Ergebnis ist auszusagen, daß

— einerseits eindeutige Abhängigkeiten zwischen den Sedimenttypen und den durchschnittlichen vertikalen Sedimentdicken holozänen Alters in beiden Tiefseebecken nachweisbar sind und
— andererseits generell Unterschiede der mittleren Holozänmächtigkeiten westlich und östlich des Mittelatlantischen Rückens bestehen.

Bei dieser Gegenüberstellung mußten zu den bisher ausschließlich verwendeten Oberflächenproben teilweise weitere Proben der darunter liegenden Kernabschnitte — insgesamt 24 — herangezogen werden, die im Altersbereich des Holozäns lagen. Aus ihren Kalkgehalten wurde ein mittlerer, für das Holozän repräsentativer Sedimenttyp ermittelt.

Die ermittelten durchschnittlichen Holozänmächtigkeiten nehmen generell — zunächst ohne Beckenbezug — vom tonigen Kalkschlamm (75...95% $CaCO_3$), dem kalkreichsten

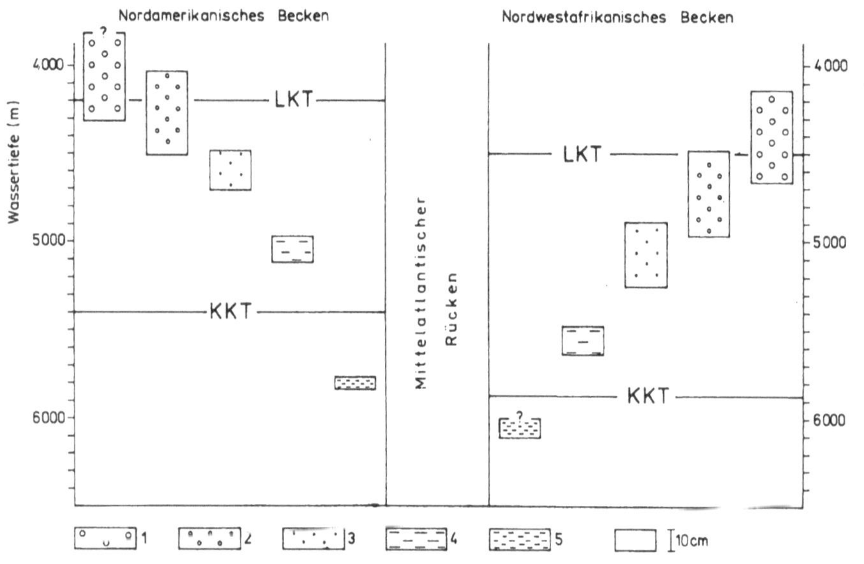

Abb. 1. Mittlere Holozänmächtigkeiten der Tiefseeschlämme in Beziehung zu den Karbonatlinien (Säulenbasis identisch mit den durchschnittlichen Lagerungstiefen der Sedimenttypen)

1 – toniger Kalkschlamm, 2 – stark toniger Kalkschlamm, 3 – stark kalkiger Tonschlamm, 4 – kalkiger Tonschlamm, 5 – roter Tiefseeton; LKT – Lysoklinentiefe, KKT – Karbonatkomponensationstiefe

Typ mit einer mittleren Mächtigkeit von fast 42 cm, zum roten Tiefseeton (0...5% $CaCO_3$) – dem karbonatärmsten Schlamm mit durchschnittlich 6 cm – ab. Dazwischen ordnen sich abgestuft die Mächtigkeiten des stark tonigen Kalkschlammes (50...75% $CaCO_3$), des stark kalkigen Tonschlammes (25...50% $CaCO_3$) und des kalkigen Tonschlammes (5...25% $CaCO_3$) ein (Tab. 1). Infolge der nachgewiesenen, gesetzmäßigen Tiefenstaffelung der Sedimenttypen zeichnen die holozänen Sedimentmächtigkeiten die bathymetrische Lagerungssequenz der Tiefseeschlämme nach. Mit zunehmenden Wassertiefen reduzieren sich in beiden Becken damit die nacheiszeitlich akkumulierten Materialmengen. Die kalkärmsten holozänen Sedimente sind danach die geringmächtigsten, die kalkreichen Typen die mit der größten postpleistozänen Mächtigkeit.

Im N-amerikanischen Becken reicht die vertikale Sedimenttypenfolge vom roten Tiefseeton bis zum stark tonigen Kalkschlamm. Das obere Endglied – der tonige Kalkschlamm – wurde bei der Probenahme auf See, wie bereits im ersten Beitrag angeführt, infolge seiner Lage in bathymetrisch noch flacheren Tiefseebereichen, nicht erfaßt. Im NW-afrikanischen Becken fehlt die Aussage zur mittleren Mächtigkeit des dort sedimentierten roten Tiefseetones, da von mikropaläontologischer Seite an keinem Kern mit diesem Sedimenttyp an der Oberfläche stratigraphische Abgrenzungen vorgenommen wurden.

Bezieht man die Holozänmächtigkeit auf die zuvor mathematisch-statistisch bestimmten sedimentären Karbonatlinien (MRAZEK & KOLYSCHKOW 1987), so ist für das östliche Becken festzustellen: Von der Lysoklinentiefe bei 4500 m bis im Durchschnitt zur Wassertiefe von 4830 m – mittleres Tiefenintervall der Lagerung des tonigen Kalkschlammes – werden im Zeitraum des Holozäns etwa 42 cm Material abgelagert. Kontemporär akkumuliert unmittelbar oberhalb der Karbonatkompensationstiefe bei 5870 m bis im Durchschnitt zu einer Wassertiefe von 5410 m – in diesem Intervall lagert ostseitig der kalkige Tonschlamm – etwa nur ein Drittel davon (13 cm). Beide Karbonatlinien trennt eine vertikale Tiefendifferenz von nahezu 1400 m. Im N-amerikanischen Becken erreicht im Holozän der rote Tiefseeton unterhalb der Karbonatkompensationstiefe bei 5400 m im Durchschnitt eine Mächtigkeit von 6 cm, während sich sublysoklinal – die Lysoklinentiefe wurde mit etwa 4200 m ermittelt – der stark tonige Kalkschlamm (4440...4590 m) zeitgleich im Holozän zu einem 6fach mächtigeren Sedimentpaket (38 cm) aufschichtet. Hier beträgt der vertikale Abstand der Karbonatlinien nur 1200 m (Abb. 1).

Aufschlußreich ist ebenso ein Vergleich der Holozänmächtigkeiten aus beiden Tiefseebecken – nach adäquaten Sedimenttypen und bei gleichen Wassertiefen. Danach sind die warmzeitlichen Ablagerungen westlich des Mittelatlantischen Rückens – bei drei Schlammtypen ist diese Gegenüberstellung möglich – stets geringmächtiger. Besonders augenfällig wird dieser Unterschied beim stark kalkigen Tonschlamm mit etwa 11 cm. Zieht man adäquate Wassertiefen zum Vergleich heran, dann erhöhen sich diese Differenzen zusätzlich. Die im östlichen Polygon erst tiefer einsetzende Lösung und ihre geringere Aggressivität bewirken eine Absenkung der Lagerungstiefen der gesamten Sedimentfolge, so daß beispielsweise genannter stark kalkiger Tonschlamm im Tiefenniveau des kalkigen Tonschlammes auf der westlichen Seite des Rückens liegt. Damit stehen sich isobath bei der übereinstimmenden Tiefenmarke von beispielsweise 5200 m Holozänmächtigkeiten von 12 cm westlich und 29 cm östlich gegenüber. Setzt man die Verantwortlichkeit der $CaCO_3$-Gehalte für die Mächtigkeitsdifferenzen voraus, dann wird dadurch die zuvor und aus anderen Resultaten abgeleitete Aussage zu intraatlantischen Abweichungen hinsichtlich der Karbonat-

Tab. 1. Mittlere Holozänmächtigkeiten (cm) der Tiefseesedimenttypen im südlichen Nordatlantik beiderseits des Mittelatlantischen Rückens

Sedimenttyp	N-amerikanisches Becken			NW-afrikanisches Becken		
	mittlere Lagerungstiefenintervalle (m)	N	Holozänmächtigkeit (cm)	mittlere Lagerungstiefenintervalle (m)	N	Holozänmächtigkeit (cm)
toniger Kalkschlamm	ca. 4200...4440	–	–	4500...4830	4	41,8
stark toniger Kalkschlamm	4440...4590	6	38,3	4830...5110	4	39,3
stark kalkiger Tonschlamm	4590...4840	15	17,9	5110...5410	4	29,3
kalkiger Tonschlamm	4840...5400	13	12,0	5410...5870	3	13,3
roter Tiefseeton	> 5400	5	6,0	> 5870	–	–

Tab. 2. Anwendung statistischer Prüfverfahren zum Unzufälligkeitsnachweis der mittleren holozänen Sedimenttypmächtigkeiten innerhalb beider Becken

Becken	Sedimenttyp	N	$\bar{x}$ (cm)	Sedimenttyp	N	$\bar{x}$ (cm)	F-Wert	t-Wert
NAB	stark toniger Kalkschlamm	6	38,3	stark kalkiger Tonschlamm	15	17,9	1,89+	11,07++
	stark kalkiger Tonschlamm	15	17,9	kalkiger Tonschlamm	13	12,0	2,79+	8,39++
	kalkiger Tonschlamm	13	12,0	roter Tiefseeton	5	6,0	8,21+	5,76++
NWAB	toniger Kalkschlamm	4	41,8	stark toniger Kalkschlamm	4	39,3	3,39+	8,71++
	stark toniger Kalkschlamm	4	39,3	stark kalkiger Tonschlamm	4	29.3	2,57+	7,11++
	stark kalkiger Tonschlamm	4	29,3	kalkiger Tonschlamm	3	13,3	3,13+	6,40++

\+ – Abweichung der Streuungen nicht signifikant, + + – Abweichung der Mittelwerte signifikant
NAB – N-amerikanisches Becken, NWAB – NW-afrikanisches Becken

Tab. 3. Anwendung statistischer Prüfverfahren zum Unzufälligkeitsnachweis der durchschnittlichen Holozänmächtigkeiten adäquater Sedimenttypen zwischen beiden Becken

Sedimenttyp	NAB		NWAB		F-Wert	t-Wert
	N	$\bar{x}$ (cm)	N	$\bar{x}$ (cm)		
stark toniger Kalkschlamm	6	38,3	4	39,3	4,01+	10,09++
stark kalkiger Tonschlamm	15	17,9	4	29,3	2,12+	6,82++
kalkiger Tonschlamm	13	12,0	3	13,3	1,35+	6,00++

\+ – Abweichung der Streuungen nicht signifikant, + + – Abweichung der Mittelwerte signifikant
NAB – N-amerikanisches Becken, NWAB – NW-afrikanisches Becken

führung beider Tiefseebecken verifiziert (MRAZEK 1988). Der Kalkmangel im westlichen Untersuchungsgebiet und die Karbonatakkumulation östlich des Rückens drücken sich mittelbar auch über die unterschiedlichen Mengen postpleistozäner Materialansammlung aus.

Die Verwendung der errechneten mittleren Holozänmächtigkeiten für die geomarine Interpretation setzte die Garantie ihrer Aussagesicherheit voraus. Deshalb wurden zur Kontrolle der Zufälligkeit oder Unzufälligkeit der Mächtigkeitsdifferenzen zwischen den Sedimentarten statistische Prüfverfahren eingesetzt. Dem Snedecor-F-Test zur Abweichung der Streuungen und dem Student-t-Test zur Abweichung der Mittelwerte (MARSAL 1967) wurden die Holozänmächtigkeiten der jeweiligen Sedimenttypen innerhalb beider Becken sowie die entsprechender Schlämme in transatlantischer W—E-Gegenüberstellung unterzogen. Die unterschiedliche Probenanzahl (N), mit der die einzelnen Sedimentarten vertreten waren — im Minimum 3, im Maximum 15 — gingen in die Berechnungen ein (Tab. 1). Bei jedem Vergleich ergab sich, daß die Streuungen der Mittelwerte nicht signifikant voneinander abweichen (Aussagerisiko 1%), der gebildete Streuungsquotient war stets kleiner als der F-Tabellenwert. Der t-Test wies dann die signifikante Abweichung aller verglichenen Mittelwerte ($t_{99\%}$) nach, indem die errechneten t-Daten den Tafelwert stets überstiegen. Somit konnte der unzufällige Charakter der sedimenttypenabhängigen Mächtigkeitsdifferenzen im vertikalen und lateralen Vergleich auch unter statistischen Aspekten gesichert nachgewiesen werden (Tab. 2 und 3).

Holozänmächtigkeiten in Funktion zum Karbonatgehalt

Die postglazialen Ablagerungen zeigen enge Bindungen zu den verschiedenen Sedimenttypen, die ihrerseits in Korrespondenz mit den Wassertiefen stehen. Das Gliederungsprinzip der Tiefseeschlämme ist ihr $CaCO_3$-Gehalt. Daraus ist zwanglos zu folgern, daß die erkannten Beziehungen zwischen der Sedimentzusammensetzung und der Mächtigkeit durch den biogenen Karbonatgehalt und seine tiefenabhängige Auflösung verursacht werden.

Zum Nachweis dieser naheliegenden Annahme wurden die beiden Merkmale Mächtigkeit und Kalkgehalt der Holozän-Abschnitte aus den 54 Tiefseekernen in Abhängigkeitsdiagrammen statistisch gegenübergestellt. Dabei erwies sich erneut der Vorteil des Verfahrens nach KOLYSCHKOW & PESCHEL (1985). Dieses war bereits erfolgreich bei der bathymetrischen Modellierung der Karbonatlösungsprozesse in den gleichen Untersuchungsgebieten des südlichen Nordatlantiks eingesetzt worden. Die Punktdispositionen der Wertepaare ließen zunächst durchaus in beiden Arbeitsgebieten jeweils lineare Abhängigkeiten zwischen holozäner Mächtigkeit und $CaCO_3$-Gehalt vermuten. Die Überprüfung bestätigte mit $r = +0{,}682$ im N-amerikanischen Becken und mit $r = +0{,}748$ im NW-afrikanischen Becken, daß die Beziehungen beider Merkmale statistisch signifikativ sind.

Die Anwendung des genannten Verfahrens ergab jedoch eine wesentlich höhere Signifikanz bei nichtlinearer Approximation der Merkmale nach der Regressionsgleichung der 6. Funktion aus der angebotenen Modellmenge mit

$$y = \frac{1}{(bx + a)},$$

wobei die Holozänmächtigkeit als abhängige Variable (y-Achse) angesetzt wurde. Betont werden soll, daß — wiederum übereinstimmend in beiden Becken — die gekoppelten Merkmale den gleichen nichtlinearen Ausgleichspolynomen folgen. Die Korrelationskoeffizienten übertreffen mit $r = +0{,}921$ im westseitigen Gebiet und mit $r = +0{,}994$ im östlichen Nachbarareal die zur linearen Funktion ermittelten Werte bei weitem.

Die Diagramme lassen zunächst die erwartete generelle Abnahme des postpleistozänen Sedimentpaketes mit sinkendem $CaCO_3$-Gehalt erkennen. Damit ist die entscheidende Relevanz und Verantwortlichkeit der biomarinen Kalkphase — die zusammen mit der silikatisch-klastischen Tonkomponente terrigener Herkunft im wesentlichen die Tiefseesedimente aufbaut — für die Mächtigkeit bewiesen. Verändert sich diese, dann vorrangig über die Alteration des $CaCO_3$-Anteiles, das heißt über die Lösungsintensität des Ozeanwassers (Abb. 2 und 3). Gleichzeitig ist aus den Kurvenverläufen die ungleichmäßige Rate der Mächtigkeitsänderungen ablesbar, die bei linearer Regression unerkannt geblieben wäre. Ihre Verwendung hätte eine kontinuierliche Abnahme der holozänen Schlammdicke mit sinkendem Kalkgehalt ergeben. Die jeweils rechtsseitig steileren Kurvenlagen signalisieren die rasche Kalkdezimierung bei hohen sedimentären $CaCO_3$-Gehalten im Ergebnis der Lösung in den oberen und mittleren Stockwerken zwischen Lysoklinen- und Karbonatkompensationstiefen. Das führt zu ebenso schneller Reduzierung der Mächtigkeiten. Nimmt der Kalkgehalt durch verringerte Lösungsraten in den unteren Tiefenbereichen unmittelbar oberhalb und unterhalb der Kompensationstiefen langsamer ab (flacher Kurvenast), vermindert sich auch die Abnahmegeschwindigkeit der holozänen Sedimentmächtig-

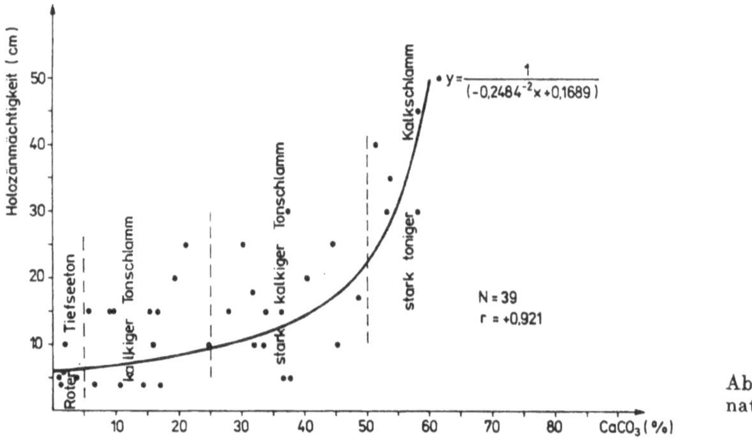

Abb. 2. Abhängigkeit der Holozänmächtigkeit vom Karbonatgehalt im N-amerikanischen Becken

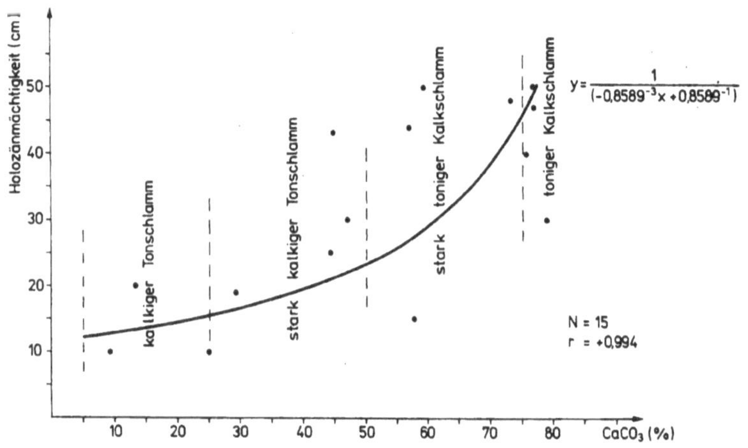

Abb. 3. Holozäne Sedimentmächtigkeit in Funktion zum Kalkgehalt im NW-afrikanischen Becken

keiten. Besonders ausgeprägt ist dieses Verhalten im westseitigen Becken. Der abweichende Steilheitsgrad der Kurven beider Becken — im östlichen Areal wesentlich flacher ausgebildet — ist Ausdruck der nachgewiesenen unterschiedlichen Intensitäten der Kalkerosion dies- und jenseits des Mittelatlantischen Rückens. Zum Nachweis der differenzierten Lösungsaggressivitäten der ozeanen Tiefenwässer waren neben den Abständen zwischen den Lysoklinen- und Karbonatkompensationstiefen die Vertikalbreiten der Hauptlösungszonen erkannt und herangezogen worden (MRAZEK & VOGEL 1989). Beide Maße sind im NW-afrikanischen Becken deutlich breiter ausgelegt. Sie dokumentieren die verzögerte Lösungsgeschwindigkeit, die damit verlangsamte Verminderung des Kalkgehaltes und als Folge die quantitativ verstärkten Materialanhäufungen.

Aus den Ausgleichspolynomen über alle Wertepaare können teilweise anhand der entsprechenden Sedimenttypabgrenzungen — graphisch in den Abb. 2 und 3 fixiert — über die Mächtigkeitsintervalle die Mittelwerte der Mächtigkeiten für die Schlammtypen abgeleitet werden. Nicht möglich war dieses Vorgehen für den stark tonigen Kalkschlamm im N-amerikanischen Becken sowie für den tonigen Kalkschlamm ostseitig des Rückens, da die jeweiligen Karbonatobergrenzen — 75% und 95% — von den Regressionskurven nicht geschnitten werden. Dabei zeigte sich beim roten Tiefseeton und beim kalkigen Tonschlamm im NW-afrikanischen Becken Übereinstimmung, die anderen interpolierten Daten weisen gegenüber den Ergebnissen, die auf der Basis der Sedimenttypengliederung ermittelt wurden, geringere durchschnittliche Mächtigkeitswerte aus. Die zuvor festgestellten sedimenttypabhängigen Mächtigkeiten sowie auch die Beckenunterschiede bleiben dabei jedoch durchgehend gewahrt.

Sediment-Akkumulationsraten in Abhängigkeit vom Stofftyp und Ratenproportionen

Aus den differenzierten Sedimentmächtigkeiten der holozänen Ablagerungen im südlichen Nordatlantik können stoffbezogene, das heißt direkt mit Karbonatsgehaltsintervallen (Sedimenttypen) korrelierbare mittlere Sediment-Akkumulationsraten (in mm/10^3 Jahre) errechnet werden. Ausgegangen wird dabei von einer absoluten Zeitdauer des Holozäns von 11000 Jahren (WOLLIN, ERICSON & EWING 1971; EISMA & PASSCHIER 1978; SOMAYAJULU, SHARMA & BERGER 1983/84) und der Voraussetzung, daß in diesem Zeitraum eine kontinuierliche und ungestörte Ablagerung unter annähernd konstanten Sedimentationskonditionen in diesen abyssalen und pelagischen Gebieten erfolgte. Danach besitzen im N-amerikanischen Becken der stark tonige Kalkschlamm mit 35 mm die höchste und der rote Tiefseeton mit durchschnittlich 5 mm die niedrigste Sediment-Akkumulationsrate. Dazwischen ordnen sich die beiden anderen Tonschlammtypen ein. Im NW-afrikanischen Becken akkumulieren die beiden Kalkschlammtypen mit durchschnittlich 38 und 36 mm sowie die zwei Tonschlämme mit 27 und 12 mm (Tab. 4). Die Akkumulationsraten stehen damit in enger Korrespondenz zum Stofftyp. Anhand ihrer bathymetrischen Staffelung kann ausgesagt werden, daß mit steigenden Wassertiefen, respektive sinkenden $CaCO_3$-Anteilen, die Akkumulationsgeschwindigkeiten rapide abnehmen. Innerhalb von nur 200 m beispielsweise, gemessen an den mittleren Lagerungstiefen des stark tonigen Kalkschlammes von 4515 m und des stark kalkigen

Z. angew. Geol., 36 (1990) 8

Tab. 4. Durchschnittliche Sediment-Akkumulationsraten (mm/10^3 Jahre) der holozänen Tiefseeschlämme beiderseits des Mittelatlantischen Rückens

Sedimenttyp	N-amerikanisches Becken		NW-afrikanisches Becken	
	mittlere Lagerungstiefe (m)	Sediment-Akkumulationsrate	mittlere Lagerungstiefe (m)	Sediment-Akkumulationsrate
toniger Kalkschlamm	? 4320	–	4665	38
stark toniger Kalkschlamm	4515	35	4970	36
stark kalkiger Tonschlamm	4715	16	5260	27
kalkiger Tonschlamm	5120	11	5640	12
roter Tiefseeton	5840+	5	6115+	–

+ in Abhängigkeit von der größten beprobten Wassertiefe

Tonschlammes mit 4715 m im N-amerikanischen Becken, nimmt die Sedimentakkumulation um durchschnittlich 19 mm/10^3 Jahre ab. Diese besonders evidente Abnahme resultiert aus der aggressiven Karbonatdezimierung innerhalb der Hauptlösungszone in diesem Becken. Im NW-afrikanischen Becken trennen die 38 mm Akkumulationsrate des tonigen Kalkschlammes und die 12 mm des kalkigen Tonschlammes knapp 1000 m Wassertiefendifferenz (Tab. 4).

Der Vergleich der Raten adäquater Sedimentarten beider Becken fällt erwartungsgemäß aus: östlich des Mittelatlantischen Rückens größere Anhäufungsgeschwindigkeit pro Zeiteinheit als westlich davon; beim stark kalkigen Tonschlamm mit 27 mm zu 16 mm erheblich höher, wobei dieser beträchtliche Unterschied von der größten Differenz der mittleren Lagerungstiefen aller Sedimenttypen im E—W-Vergleich mit 545 m begleitet wird.

Es bietet sich an, die errechneten Materialanhäufungsgeschwindigkeiten der Sedimentarten zu den Karbonatlinien — diesen wesentlichen Parametern der Tiefseesedimentologie — in Beziehung zu setzen. Abb. 4 zeigt sie im Schema der tiefenzonalen Bildungsbereiche der rezenten Tiefseesedimente (MRAZEK 1988). Dieses Muster war im Ergebnis der bathymetrischen Modellierung der Kalklösungsvorgänge im südlichen Nordatlantik entwickelt worden. Ablesbar ist somit beispielsweise, daß westseitig des Mittelatlantischen Rückens im Holozän unmittelbar oberhalb der Karbonatkompensationstiefe bei 5400 m der kalkige Tonschlamm mit durchschnittlich 11 mm/1000 Jahre und zeitgleich unter ihr der rote Tiefseeton mit mittleren 5 mm sedimentiert. Oder: Direkt oberhalb der Karbonatkompensationstiefe bei 5870 m im NW-afrikanischen Becken — also fast 500 m tiefer als im westlichen Vergleichsgebiet — akkumuliert ein kalkiger Tonschlamm mit einer Geschwindigkeit von 12 mm, während kontemporär unterhalb der Lysoklinentiefe bei 4500 m ein toniger Kalkschlamm mit einer Rate von 38 mm/1000 Jahre aufgeschichtet wird. Spätestens an dieser Stelle soll betont werden, daß die stoffabhängigen Akkumulationsraten — ebenso wie die Holozänmächtigkeiten — in der vertikalen Sequenz jeweils als Mittelwerte für die zugehörigen Wassertiefenintervalle entsprechender Sedimenttypen anzusehen sind. Die gegenseitigen, teils erheblichen Unterschiede — etwa an o. g. Beispiel an der Karbonatkompensationstiefe im N-amerikanischen Becken — sind realiter nicht derart abrupt vorhanden, sondern zwischen ihnen existieren sukzessive Übergänge.

Die deutlich differenzierten Akkumulationsraten induzieren die Ermittlung von Proportionszahlen, um die Verhältnisse der Sedimentationsgeschwindigkeiten zwischen den nacheiszeitlichen Tiefseesedimentarten sowie deren E—W-Unterschiede im südlichen Nordatlantik zu demonstrieren (Tab. 5). Die Akkumulationsraten des jeweils kalkärmsten Typs — roter Tiefseeton im N-amerikanischen Becken und kalkiger Tonschlamm im östlichen Areal — bildeten dabei die Bezugspunkte. Danach ist am Paradigma des westlichen Untersuchungsgebietes auszusagen, daß in der Zeit, in der auf dem Meeresboden unterhalb der Karbonatkompensationstiefe 1 cm roter Tiefseeton abgelagert wird, gleichzeitig — in jeweils entsprechend höheren Stockwerken — im Mittel 2,0 cm kalkiger Tonschlamm, 3,0 cm stark kalkiger Tonschlamm und 6,4 cm stark toniger Kalkschlamm angehäuft wird. Die Ratenproportionen zwischen den Endgliedern der Sedimenttypenfolgen von etwa 1:6 im westlichen Tiefseegebiet und 1:3 im östlichen Vergleichsareal verweisen auf die bestehenden erheblichen Beckenunterschiede. Allerdings muß einschränkend vermerkt werden, daß nicht die gleichen Anfangs- und Finalglieder verglichen werden konnten. Wäre diese Voraussetzung jedoch andererseits gegeben — also Verhältnisbildung zwischen rotem Tiefseeton und tonigem Kalkschlamm in beiden Becken — könnte man berechtigt annehmen, daß diese rele-

Tab. 5. Größenverhältnisse der Sediment-Akkumulationsraten in Beziehung zum karbonatärmsten Typ im südlichen Nordatlantik

Becken	roter Tiefseeton	kalkiger Tonschlamm	stark kalkiger Tonschlamm	stark toniger Kalkschlamm	toniger Kalkschlamm
N-amerikanisches Becken	1	2,0	3,0	6,4	–
NW-afrikanisches Becken	–	1	2,2	3,0	3,1

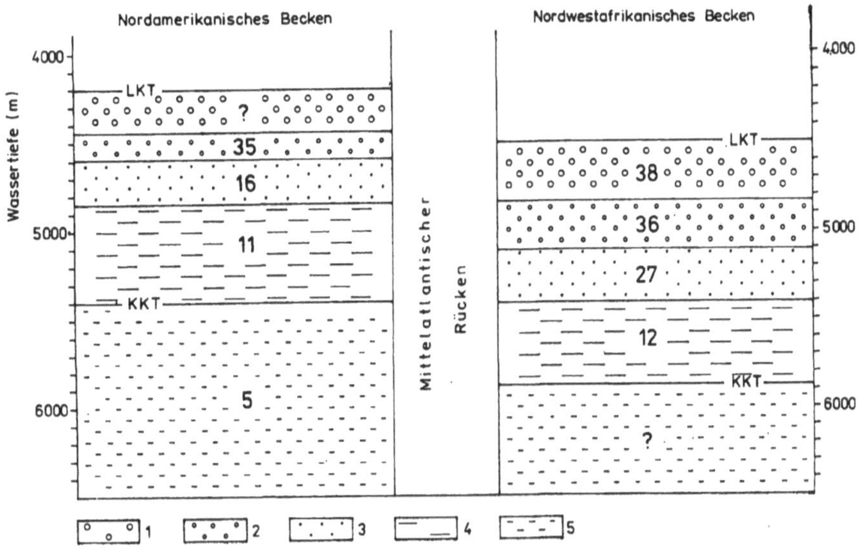

Abb. 4. Mittlere Akkumulationsraten (mm/10^3 Jahre) der holozänen Tiefseesedimenttypen im Schema ihrer genetischen Stockwerke beiderseits des Mittelatlantischen Rückens

1 – toniger Kalkschlamm, 2 – stark toniger Kalkschlamm, 3 – stark kalkiger Tonschlamm, 4 – kalkiger Tonschlamm, 5 – roter Tiefseeton; LKT – Lysoklinentiefe, KKT – Karbonatkompensationstiefe

vanten Unterschiede dies- und jenseits des Mittelatlantischen Rückens noch deutlicher hervortreten würden.
Die vorgenommene Verhältnisbildung führt in Anbetracht der nachgewiesenen Verantwortlichkeit des Karbonatgehaltes für die Akkumulationsgeschwindigkeit und die Sedimentmächtigkeit zu einer wichtigen Aussage über den Sedimentationsprozeß. Die Akkumulationsdifferenzen demonstrieren den enormen massenhaften Verlust an partikulärem biogenem Kalkmaterial unterhalb der Lysoklinentiefen durch die auflösende Wirkung des Ozeanwassers in den tiefsten Beckenteilen dieser atlantischen Großräume, besonders ausgeprägt im westlichen Part des südlichen Nordatlantiks und gegenüber dem östlichen Vergleichsgebiet etwa verdoppelt. Diese Feststellung ist gleichzeitig eine wesentliche Voraussetzung für die Problematik des nachfolgenden Beitrages in dieser Artikelserie, der die bathymetrische Koinzidenz zwischen der Karbonaterosion und dem Auftreten von Tiefsee-Erzen vorstellt.
Da das hydrographische Milieu die Karbonatlösung determiniert, diese die tiefengestaffelte Sedimenttypenlagerung erzeugt und der $CaCO_3$-Gehalt für die Mächtigkeit des Gesamtsedimentes entscheidend verantwortlich ist — stehen die Geschwindigkeiten der Materialakkumulation in der nordatlantischen Tiefsee sowie die damit im Holozän erreichten Mächtigkeiten letztlich ebenfalls in Funktion zur abyssalen Hydrographie. In einer späteren Abhandlung werden die bis dahin aus dem südlichen Nordatlantik vorgestellten geomarinen Resultate dieser Beitragsfolge unter dem Aspekt der kardinalen tiefenozeanographischen Bedingungen diskutiert und in den Großraum des gesamten Atlantiks eingeordnet.

Sediment-Akkumulationsraten im Vergleich

Abschließend sollen die hier vorgestellten durchschnittlichen Zuwachsraten im Holozän einigen Literaturangaben vergleichend gegenübergestellt werden. Diese fußen auf Verfahren absoluter Altersbestimmung und — wie hier — relativer Zeitdatierung mittels biostratigraphischer Einstufung. Ausgewählt wurden sie nach dem Prinzip ungefährer stofflicher und regionaler sowie altersmäßiger Kompatibilität. Kennzeichnend für die bestimmten Daten in beiden Tiefseebecken des Nordatlantiks sind einerseits ihr Mittelwertscharakter für zwei großräumige Areale und andererseits ihre strenge Stoffaffinität. Die Ratenangaben/Zeiteinheit gehen mit genau limitierten Karbonatgehaltsintervallen konform. Darin liegt aber gleichzeitig eine gewisse Schwierigkeit, denn komparable Untersuchungsserien, die die für die Ablagerungsraten hauptsächlich verantwortlichen biokarbonatischen Anteile in den Tiefseesedimenten sowohl in ihrer Gesamtheit als auch Differenzierung erfassen und sie direkt auf Mächtigkeit und Sedimentationsgeschwindigkeit beziehen, waren in der Literatur nicht auffindbar. Zudem ist als Nachteil zu vermerken, daß bisweilen selbst bei Einzeldatierungen die genauen Kalkgehaltswerte fehlen und nur die Grobunterteilungen roter Tiefseeton und Kalkschlamm angegeben waren. Im Standardwerk zur Geologie des Atlantischen Ozeans von EMERY & UCHUPI (1984) findet man das großregionale Datum von holozänen 36 mm/10^3 Jahre für die Sedimente des gesamten Nordatlantiks. (Alle nachfolgend genannten mm-Angaben beziehen sich ebenfalls auf 1000 Jahre.)

Roter Tiefseeton/Tonschlamm

SCHOTT (1937) berechnete in Auswertung der deutschen „Meteor"-Expedition (1925 bis 1927) auf faunistischer Grundlage mittlere Ablagerungsgeschwindigkeiten für „roten Tiefseeton" im äquatorialen Atlantik (5° S bis 20° N) von 16 mm (maximal 24 mm, minimal 9 mm), bei einem durchschnittlichen Karbonatgehalt von 17%. Als rote Tiefseetone wurden damals Sedimente mit einem Kalkgehalt von < 30% angesprochen. (Die genannten Werte sind aus den von ihm angegebenen Holozänmächtigkeiten auf 11000 Jahre umgerechnet worden; die Originaldaten beziehen sich noch auf eine Holozändauer von 20000 Jahren.) Diese von SCHOTT untersuchten Sedimente sind nach der hier verwendeten Gliederung als kalkige Tonschlämme (5 bis 25% $CaCO_3$) anzusprechen. Für sie wurden westlich des Mittelatlantischen Rückens im Durchschnitt 11 mm und östlich davon 12 mm ermittelt — also größenordnungsmäßig vergleichbare Daten.
Aus dem Südatlantik (10° bis 40° S) stammen drei Werte von GOLDBERG & KOIDE (1962) an Proben roten Tiefseetones (< 5% $CaCO_3$) bis 40 cm Kerntiefe, die nach Ionium/Thorium-Datierung Sedimentationsraten zwischen 0,8 und 4 mm angeben. In der Sekundärliteratur wird dieses Ergebnis mehrfach mit einem für roten Tiefseeton repräsentativen Durchschnittswert von 1 mm aufgeführt.
Noch niedrigere Raten nach Ionium/Thorium-Bestimmung an fünf rezenten Proben vom Mittelatlantischen Rücken des Nordatlantiks (0° bis 30° N) auf karbonatfreier Basis geben GRIFFIN, WINDOM & GOLDBERG (1968) mit 0,3 bis 0,7 mm an; dabei ist zu vermerken, daß in diese Untersuchungen nur die anorganische Phase < 2 µm (Ton) einging. Darauf Bezug nehmend ist bei EMERY & UCHUPI (1972) ein Durchschnittsdatum von 0,5 mm für roten Tiefseeton des Mittelatlantischen Rückens nachzulesen. Eine nach gleicher Methodik von GRIFFIN, WINDOM & GOLDBERG (1968) erfolgte Datierung aus der Tiefseehügelzone des N-amerikanischen Beckens (etwa 20° N/55° W) — also direkt im westlichen Arbeitsgebiet — wies 4,8 mm aus. Damit ist der hier ermittelte Durchschnittswert von genau 5,5 mm für roten Tiefseeton aus dem westseitigen Becken (bei 2% $CaCO_3$) sehr gut kompatibel.
SEIBOLD (1974) gibt für rote Tiefseetone den Pauschalwert von 10 mm an, mit dem Hinweis wesentlich geringerer Zuwachsraten im Pazifik. Bei SEIBOLD & BERGER (1982) findet man für den Südatlantik den Mittelwert von 2 bis 3 mm.

Kalkschlamm

Die Akkumulationsraten für Kalkschlämme liegen fast durchgängig höher. SCHOTT (1937) kalkulierte — wiederum umgerechnet — für Globigerinenschlämme, ohne genaue Angabe der quantitativen $CaCO_3$-Gehalte, jedoch > 30%, im genannten Areal im Mittel 22 mm, flankiert von maximal 39 mm und minimal 10 mm. Auch hier besteht auf der Grundlage vergleichbarer Karbonatgehalte — stark kalkiger Tonschlamm und beider Kalkschlammtypen — eine akzeptable Übereinstimmung mit den eigenen Resultaten.
BROECKER, TUREKIAN & HEEZEN (1958) berechneten aus einer Radiokarbondatierung an einem Kern von der östlichen Flankenzone des Mittelatlantischen Rückens in Äquatorhöhe bei etwa 24° W für das Holozän eine mittlere Sedimentationsrate von 22 mm, bei einem $CaCO_3$-Gehalt von 86%.
Von ERICSON, EWING u. a. (1961) werden zahlreiche aus mikropaläontologischen Einstufungen und einigen Radiokarbondatierungen abgeleitete Akkumulationsraten für pleistozäne marine Abfolgen (108 Kerne) aufgeführt, die sich jedoch vornehmlich auf den nordamerikanischen und westafrikanischen Kontinentalrand konzentrieren. Direkt in das östliche Arbeitsgebiet (Madeira-Tiefsee-Ebene) fällt eine auf biostratigraphischer Grundlage ermittelte Angabe von 32 mm für das Holozän (ohne $CaCO_3$-Angabe).
GOLDBERG & KOIDE (1962) berichten über eine durchschnittliche Sedimentationsrate von 15 mm in einem 9 m langen Kern — dessen Karbonateinzelwerte zwischen 29 und 74% schwanken und einen Mittelwert von etwa 50% ergeben —

nach Ionium/Thorium-Datierung aus dem nördlichen Südatlantik (Tiefseehügelzone des Guayana-Beckens).
Bei EWING, EWING & TALWANI (1964) findet man eine mittlere Angabe von 20 bis 40 mm für Kalkschlämme auf dem Mittelatlantischen Rücken (< 4600 m), bei SEIBOLD (1974) ein Durchschnittsdatum bis 50 mm für Kalkschlämme generell.
EISMA & PASSCHIER (1978) ermittelten auf biostratigraphischer Basis (Foraminiferen) aus 18 Kernen für den Kap-Verde-Rücken und die nordöstlich anschließenden Tiefseegebiete eine holozäne Sedimentationsrate zwischen 19 und 26 mm. Für etwa das gleiche Gebiet — nach Foraminiferen und Radiokarbondatierung — geben in guter Übereinstimmung ROTHE (1973), DIESTER-HAASS (1975, 1976) und PFLAUMANN (1975) Raten von 17 bis 26 mm an. Pauschal werden dazu Karbonatgehalte der Sedimente des Kap-Verde-Rückens zwischen 40 und 90% aufgeführt. Dieses geomorphologische Bauelement gehört auch zum hier untersuchten NW-afrikanischen Becken. In die statistischen Berechnungen zu den mittleren Raten der Sedimenttypen anhand von 15 Stationen gingen auch drei Untersuchungspositionen ein, die auf der Kap-Verde-Schwelle liegen. Ihre Akkumulationsgeschwindigkeit ist mit etwa vergleichbaren 30 mm kalkuliert worden.
Bei SEIBOLD & BERGER (1982) findet man für Kalkschlämme aus dem Nordatlantik zwischen 5° und 20° N die Daten von 14 bis 40 mm. Eine für Kalkschlämme niedrige Sedimentationsrate publizierten SOMAYAJULU, SHARMA & BERGER (1983/84). An einem etwa die letzten 30000 Jahre repräsentierenden Stechkastenkern vom Mittelatlantischen Rücken des Nordatlantiks (32° N und 40° W, 3500 m Wassertiefe) wurde mittels ^{14}C-Datierung und weiterer Analysen eine durchschnittliche Sedimentationsrate von 10 mm bestimmt, bei einem Karbonatanteil von etwa 90%.
Es bleibt festzustellen, daß die hier vorgestellten Zuwachsraten für holozäne Ablagerungen im südlichen Nordatlantik — im Verständnis ihrer Gültigkeit als statistische Mittelwerte für karbonatdeterminierte Sedimenttypen — sich in die gegebene Breite zuvor publizierter Daten für Ton- und Kalkschlämme einordnen. Im Vergleich zu den absoluten Altersdatierungen liegen sie dabei großenteils höher. Ihr Vorteil besteht in der konkreten Korrelationspotenz zu den raten- und damit mächtigkeitsbestimmenden Karbonatgehalten der analysierten Sedimente dieser Tiefseeregionen.

Zusammenfassung

Auf der Basis biostratigraphischer Abgrenzungen werden Abhängigkeiten der holozänen Mächtigkeiten und Akkumulationsgeschwindigkeiten von den karbonatdeterminierten Sedimenttypen in nordatlantischen Tiefseebecken nachgewiesen. Die mathematisch-statistisch gesicherte Stoffaffinität führt zu bathymetrischer Staffelung der Parameter und zur Aufdeckung von Unterschieden beiderseits des Mittelatlantischen Rückens. Bei ostseitig erhöhter Materialansammlung wurden für Kalkschlämme mittlere Sediment-Akkumulationsraten zwischen 35 und 38 mm und für Tonschlämme zwischen 5 und 27 mm pro 1000 Jahre ermittelt. Das aus der bathymetrischen Modellierung der Kalklösungsprozesse zuvor entwickelte Muster der tiefenzonalen Bildungsbereiche der Tiefseesedimenttypen wird durch die Untersuchungsresultate vervollständigt. Proportionsberechnungen anhand der Akkumulationsraten innerhalb der Typensequenzen verweisen auf den sublysoklinalen Masseverlust an partikulärem Biokalk, insbesondere im Nordamerikanischen Becken.

Резюме

На основании биостратиграфических различий были выявлены зависимости мощностей голоцена и скоростей осадконакопления от наличия образований с карбонатным характером в северо-атлантической части глубоководной области океана. Математически-статистически подтверждаемое вещественное сходство приводит к ступенчатому расположению с батиметрической привязкой ряда параметров и к выявлению различий по обе стороны Средне-Атлантического хребта. Для зоны повышенного скопления материала восточной части были определены скорости осадконакопления известковых илов от 35 до 38 мм, а глинистых илов — от 5 до 27 мм за 1000 лет. Разработанная ранее на основе батиметрического моделирования процессов известкового растворения схема глубинной зональности областей образования типов отложений морских глубоководных областей была уточнена в результате новых исследований. Расчеты, основанные на данных по скоростям осадконакопления в соответствии с типом пород, свидетельствуют о сублизоклинальной потере массы рассеянных частиц биоизвестняка особенно в Североамериканской области бассейна.

Summary

Based on biostratigraphical delimitations relationships between thicknesses, accumulation rates and types of carbonate determined sediments of North Atlantic deep sea basins are shown. Statistically proved matter-dependence gives rise to a bathymetric differentiation of the parameters and to the discovery of differences of both sides of the Mid Atlantic ridge. In connection with higher values on the eastern side of the ridge mean accumulation rates of 35 to 38 mm per 1000 years for calcareous muds and of 5 to 27 mm per 1000 years for argillaceous muds respectively have been found out. The pattern of the depth-dependent formation zones of the different deep sea sediment types, calculated from bathymetric modeling of carbonate dissolution processes, is completed by present results. Proportional calculations, based on accumulation rates within the type sequences, show great loss of particulate biocarbonate beneath the lysocline, especially in the North American basin.

Literatur

BACH, I.: In Autorenkollektiv: Einschätzung der Rohstoffhöffigkeit ausgewählter Gebiete des Nordatlantiks auf Eisen-Mangan-Bildungen, Teil 1. — Berlin: Zentrales Geologisches Institut 1977. 68 S., FB (unveröffentl.)
BROECKER, W. S.; TUREKIAN, K. K.; HEEZEN, B. C.: The relation of deep sea sedimentation rates to variations in climate. — Am. J. Sci., New Haven 256 (1958) S. 503—517
DIESTER-HAASS, L.: Sedimentation and climate in the Late Quaternary between Senegal and the Cape Verde Islands. — „Meteor"-Forsch.ergeb., R. C, Berlin 20 (1975) S. 1—32
— Quaternary accumulation rates of biogenous and terrigenous components on the east Atlantic continental slope off NW Africa. — Mar. Geol., Amsterdam 21 (1976) S. 1—24
EISMA, D.; PASSCHIER, C. A.: Rates of sedimentation on the Cape Verde Rise. — Netherl. J. Sea Res., Leiden 12, (1978) S. 107—114
EMERY, K. O.; UCHUPI, E.: Western North Atlantic ocean: topography rocks, structure, water, life and sediments. — Tulsa: Am. Assoc. Petrol. Geol. 1972
— The Geology of the Atlantic Ocean. — New York, Berlin, Heidelberg, Tokyo: Springer-Verlag 1984
ERICSON, D. B.; EWING, M.; WOLLIN, G.; HEEZEN, B. C.: Atlantic deep-sea sediment cores. — Geol. Soc. Am. Bull., Boulder 72 (1961) S. 193—286
EWING, M.; EWING, J. I.; TALWANI, M.: Sediment distribution in the oceans: The Mid-Atlantic-Ridge. — Geol. Soc. Am. Bull., Boulder 75 (1964) S. 17—36
GOLDBERG, E. D.; KOIDE, M.: Geochronical studies of deep-sea sediments by the ionium/thorium method. — Geochim. Cosmochim. Acta, Oxford 26 (1962) S. 417—450
GRIFFIN, J. J.; WINDOM, H.; GOLDBERG, E. D.: The distribution of clay minerals in the world ocean. — Deep-Sea Res., Oxford 15 (1968) S. 433—459
KOLYSCHKOW, P.; PESCHEL, G.: Untersuchung der Zusammenhänge zwischen den Eigenschaften geologischer Objekte mit Hilfe nichtlinearer Regressionsbeziehungen. — Z. angew. Geol., Berlin 31 (1985) 7, S. 175—178
MARSAL, D.: Statistische Methoden für Erdwissenschaftler. — Stuttgart: Schweitzerbart'sche Verlagsbuchhandlung 1967
MRAZEK, J.: Prinzipien der Sedimentverteilung in ausgewählten Tiefseegebieten des südlichen Nordatlantiks. — Z. angew. Geol., Berlin 33 (1987) 10, S. 258—263
— Karbonatlösung und Gesetzmäßigkeiten der rezenten Sedimentverteilung im südlichen Nordatlantik. — Z. angew. Geol., Berlin 34 (1988) 1, S. 8—11
MRAZEK, J.; KOLYSCHKOW, P.: Positionsbestimmung der Karbonatlinien und Aussagen zur Kalklösung in nordatlantischen Tiefseebecken durch Anwendung mathematisch-statistischer Verfahren. — Z. angew. Geol., Berlin 33 (1987) 12, S. 309—313
MRAZEK, J.; VOGEL, W.: Zu den karbonatischen Hauptlösungszonen in Tiefseebecken des Nordatlantiks: Präzisierung ihrer bathymetrischen Position durch mathematische Methoden. — Z. angew. Geol., Berlin 35 (1989) 9, S. 268—272
PFLAUMANN, U.: Late Quaternary stratigraphy based on planktonic foraminifera off Senegal. — „Meteor"-Forsch.-ergeb., R. C, Berlin 23 (1975) S. 1—46
ROTHE, P.: Sedimentation in the deep-sea areas adjacent to the Canary and Cape Verde Islands. — Mar. Geol., Amsterdam 14 (1973) S. 191—206
SCHOTT, W.: Die Foraminiferen im äquatorialen Teil des atlantischen Ozeans. — Wiss. ergeb. Dtsch. Atlant. Exped. „Meteor" 1925—27, Berlin 3 (1937) S. 43—134
SEIBOLD, E.: Der Meeresboden. — Berlin, Heidelberg, New York: Springer-Verlag 1974
SEIBOLD, E.; BERGER, W.: The Sea floor. — Berlin, Heidelberg, New York: Springer-Verlag 1982
SOMAYAJULU, B. L. K.; SHARMA, P.; BERGER, W.: ^{10}Be, ^{14}C and U—Th decay series nuclides and ^{18}O in a box core from the Central North Atlantic. — Mar. Geol., Amsterdam 54 (1983/84) S. 169—180
WOLLIN, G.; ERICSON, D. B.; EWING, M.: Late Pleistocene climates recorded in Atlantic and Pacific deep-sea sediments. — In: TUREKIAN, K. K.: The Late Cenozoic glacial ages. New Haven: Yale Univ. Press 1971, S. 199—214
WORMBS, J.: In Autorenkollektiv: Komplexe geologisch-geophysikalische Interpretation der Untersuchungsergebnisse der Atlantikexpedition 1973—1977 (Nordatlantik). — Berlin: Zentrales Geologisches Institut 1979. 139 S. FB (unveröffentl.)

Ermittlung aktuo-fazieller Bedingungen am Meeresboden mit Hilfe autonomer Bodenstationen

PETER G. DIETRICH, Freiberg; E. A. KONTAR', Moskau

Einführung

Die detaillierte Kartierung von Sedimenten der Tiefseeböden zeigt oftmals verschieden alte Sedimente eng nebeneinander, Gebiete rezenter Sedimentation neben solchen, die bis weit ins Tertiär erodiert wurden. Auch umgelagerte Fossilien, hard grounds, Knollenpflaster, unterschiedliche Sedimentationsraten in Abhängigkeit von der morphologischen Position usw. belegen, daß bodennahe Strömungen im Verein mit der lokalen Morphologie des Tiefseebodens die Akkumulation und Erhaltung bzw. Erosion und Umverteilung der Tiefseesedimente ganz wesentlich bestimmen.
Zur Beurteilung der Umweltbeeinflussung durch den Tiefsee-Bergbau und für die Konstruktion von Abbaugeräten o. ä. sind Kenntnisse über die Strömungsverhältnisse im bodennahen Meerwasser ebenso erforderlich wie zur Auswertung geophysikalischer Präzisionsmessungen, z. B. seismischer Registrierungen am Meeresboden. Direkte Messungen — insbesondere über längere Zeiträume, um Aussagen zur Variabilität von Geschwindigkeit und Strömungsrichtung des bodennahen Meerwassers zu erhalten — wurden bisher nur sehr selten durchgeführt (HAYES 1979; DIETRICH & KONTAR' 1989; KLEIN 1987), weil sie technisch und finanziell außerordentlich aufwendig sind. Dank der großzügigen Unterstützung des Institutes für Ozeanologie der Akademie der Wissenschaften der UdSSR (IO AN SSSR) sind Vff. in der Lage, weitere Ergebnisse mitzuteilen, wobei wir ozeanologische Aspekte nicht betrachten und uns auf geologisch relevante Aussagen beschränken.
Die dargelegten Ergebnisse wurden während der 49. Fahrt des Forschungsschiffes „Akademik Kurčatov" 1988 erhalten.

Methodik

Die hier interessierenden Parameter Temperatur, Strömungsgeschwindigkeit und -richtung wurden mit integrierenden Strömungsmessern des Typs „Potok" registriert, die neben anderen Geräten (z. B. Seismometer, Sedimentfallen) an autonomen, selbstauftauchenden Stationen der Typen ADS-8 und ADS-Gradient (Abb. 1) angebracht waren. Diese Stationen sind Konstruktionen des IO AN SSSR (KONTAR' 1984). Sie tauchen mit Ballast versehen selbständig bis zum Meeresboden, setzen dort u. U. Instrumente mit Hilfe eines Geräteträgers, der während des Absinkens hydrodynamisch in seiner oberen Position gehalten wird, relativ sanft und in einigen Metern Entfernung von der Station ab und tauchen nach Erfüllung des Meßprogramms (maximal 45 Tage) zeitlich vorprogrammiert oder auf Befehl (Schallimpuls) auf. Die wesentlichsten Parameter für ADS-8 gehen aus Tab. 1 hervor. Die Messung und Registrierung der Temperatur, Strömungsgeschwindigkeit und -richtung erfolgte in Abständen von 112,5 s. Alle angegebenen Mittelwerte wurden daraus berechnet.

Fallbeispiele

Östliches Mittelmeer zwischen Kreta und Kasos

Es wurden synchron drei Stationen ADS-8 in folgenden Zeiträumen eingesetzt (Registrierzeiten in GMT): Station A 01. 07. 1988 19.23 Uhr bis 09. 07. 1988 04.01 Uhr; Station B 01. 07. 1988 22.48 Uhr bis 09. 07. 1988 09.00 Uhr; Station C 02. 07. 1988 07.30 Uhr bis 09. 07. 1988 13.40 Uhr. Ihre Lage und Beziehung zum submarinen Relief gehen aus Abb. 2 und Tab. 2 hervor.

Für geologische Aussagen bemerkenswert sind folgende Ergebnisse: Die während der Registrierung erfaßten Bewegungen des bodennahen Meerwassers (2,5 m über Grund) unterscheiden sich — offenbar in Abhängigkeit von der regionalen Lage und lokalen Morphologie — an den Meßpunkten wesentlich. Während am Punkt C (uferfern; auf lokaler Hochlage des Kreta-Rhodos-Rückens) während 140,5 h keine Strömung registriert wurde und die Temperatur des bodennahen Meerwassers ± konstant bei 13,35 °C lag, kam es an beiden anderen Stationen, die am Fuße des Inselhanges von Kreta (A) bzw. auf einem Hang südlich der Kasos-Passage (B) liegen, zu Fluktuationen von Strömung und

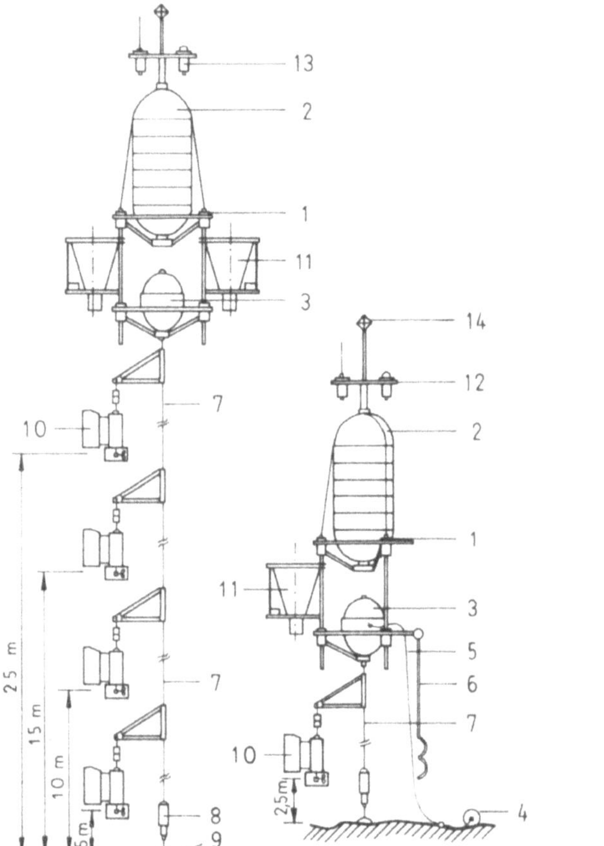

Abb. 1. Autonome selbstauftauchende Bodenstationen ADS-8 (rechts) und ADS-Gradient (links)

1 — Rahmen, 2 — Auftriebskörper (zerlegbar), 3 — Registrier- und Steuerteil, 4 — Gerätebehälter, 5 — Kabel, 6 — Geräteträger mit hydrodynamischem Flügel, 7 — Trosse, 8 — Auslöser, 9 — Ballastgewicht, 10 — Temperatur-Strömungsmesser „Potok", 11 — Sedimentfalle (6 bzw. 36 m über Grund), 12 — Funksignalgeber, 13 — Blinksignalgeber, 14 — Reflektor

Tab. 1. Technische Charakteristik der Station ADS-8

Maximale Einsatztiefe	8000 m
Gesamtgewicht	410 kg
Auftrieb des Schwimmkörpers	1400 N
Auftrieb des Ballastgewichtes	−2000 N
Sinkgeschwindigkeit	1,6 m · s^{-1}
Sinkgeschwindigkeit des Gerätebehälters bei Ablage	0,5 m · s^{-1}
Auftauchgeschwindigkeit	1,5 m · s^{-1}
Nutzvolumen des Gerätebehälters	50 dm
Maximale Registrierdauer (bei kontinuierlicher Registrierung)	45 Tage
Ansprechgeschwindigkeit des Strömungsmessers	1 cm · s^{-1}

Eingang des Manuskripts in der Redaktion: 30. 5. 1989

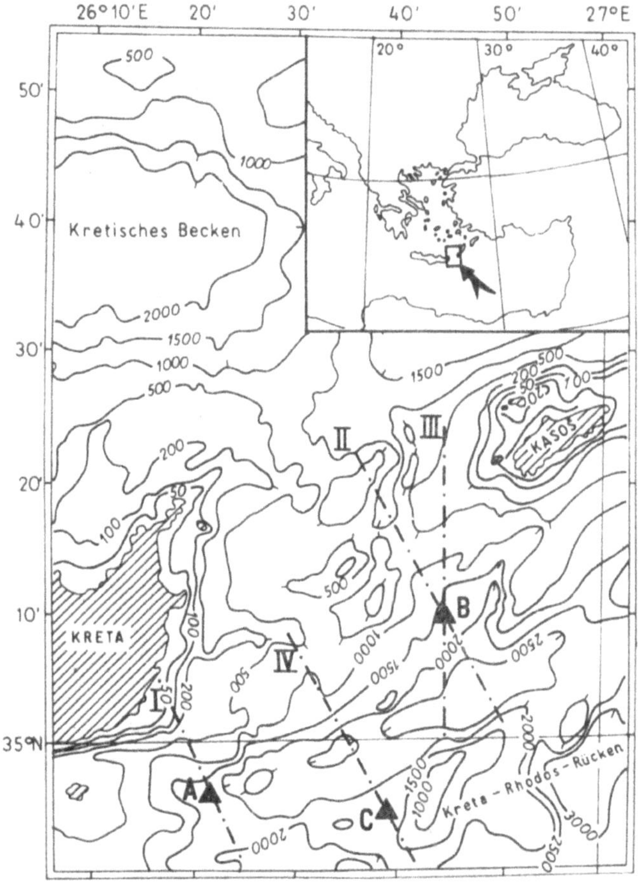

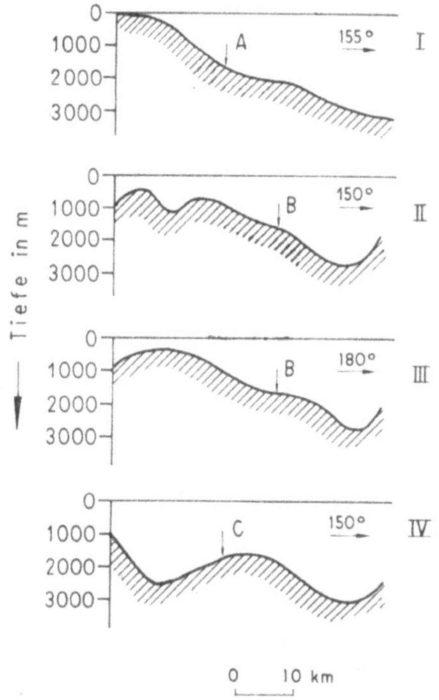

Abb. 2. Lage von drei Stationen ADS-8 im östlichen Mittelmeer in Beziehung zur Morphologie des Meeresbodens (links); das lokale Relief geht aus den Profilen I bis IV hervor (rechts)

Tab. 2. Lage und Meßergebnisse der Stationen im östlichen Mittelmeer (vgl. Abb. 2 und 3)

Station	Koordinaten		Wassertiefe (m)	Anzahl der „benthischen Stürme"	Geschwindigkeit der Bodenströmung (cm · s⁻¹) maximal ⌀	für „Stürme"	Temperatur des bodennahen Meerwassers (°C)
A	34° 55,6 N	26° 20,6 E	1780	1	7,0	6,0	13,64 – 14,08
B	35° 09,2 N	26° 43,7 E	1530	10	8,5	4,4	13,72 – 14,33
C	34° 54,5 N	26° 38,5 E	1745	–	–	–	13,34 – 13,36

Temperatur des bodennahen Meerwassers (vgl. Abb. 3). Die als „benthische Stürme" oder „Tiefsee-Stürme" bezeichneten, plötzlich einsetzenden Strömungen traten insbesondere an Station B auf. Sie dauerten zwischen wenigen Minuten und ca. 16 Stunden, waren insgesamt während etwa eines Drittels der Meßzeit wirksam und erreichten Geschwindigkeiten bis 8,5 cm · s^{-1}. Die Strömung war, wie auch bei dem an Station A registrierten Ereignis, südwärts gerichtet (Abb. 3). Die „benthischen Stürme" des bodennahen Meerwassers haben, wie die zeitgleichen seismischen Registrierungen, der Temperaturverlauf und die Sedimentfallen-Ergebnisse zeigen, sowohl geologische Ursachen als auch geologische Wirkungen. Das an den Stationen A und B in den Sedimentfallen festgestellte Material war diagenetisch bereits verändert, also umgelagertes Sediment, und überschritt die an Station C erhaltene Menge „normal" sedimentierter Partikel im Falle von B wesentlich. Im Zusammenhang mit den an allen drei Stationen registrierten Schwarmbeben (mittlere Anzahl drei Beben pro Stunde; maximal bis sechs Beben in 10 min.; Magnitude bis 4) und der fast stets erhöhten Wassertemperatur während der „benthischen Stürme", was auf Zustrom aus höhergelegenen Wasserschichten hinweist, kann darauf geschlossen werden, daß die Erdbeben an den submarinen Hängen Trübeströme auslösen, die trotz höherer Temperatur dichter als das tiefergelegene bodennahe Meerwasser sind und den Senken zuströmen. Die angetroffenen Hangneigungen von bis zu 10% sind dafür prädestiniert, und die in den Senken des Mittelmeeres festgestellten Sedimentfolgen mit hohen Turbidit-Anteilen (u. a. SIMKUS 1975) belegen diese Vorstellung, die zumindest auf die Strömungen mit deutlich erhöhter Temperatur zutreffen dürfte (Station A, Station B am 8. Juli; die Wassertemperaturen entsprachen Tiefen von etwa 450 bis 600 m).

Übergangsbereich Iberisches und Kanarenbecken

Wie in den Abb. 4 und 5 sowie Tab. 3 gezeigt, wurden entsprechend Tiefenlage und morphologischer Position unterschiedliche Regimes von Bodenströmung und Temperatur

Tab. 3. Daten für die Messungen im Übergangsbereich Iberisches und Kanarenbecken

Station	Koordinaten		Wassertiefe (m)	v_{max} (cm · s⁻¹)	$v_⌀$ (cm · s⁻¹)
I	37° 50,1 N	18° 32,0 W	3850	15,2	2,6
II	37° 23,0 N	18° 18,0 W	4270	6,4	2,0
III	37° 06,6 N	18° 11,7 W	5100	0	0

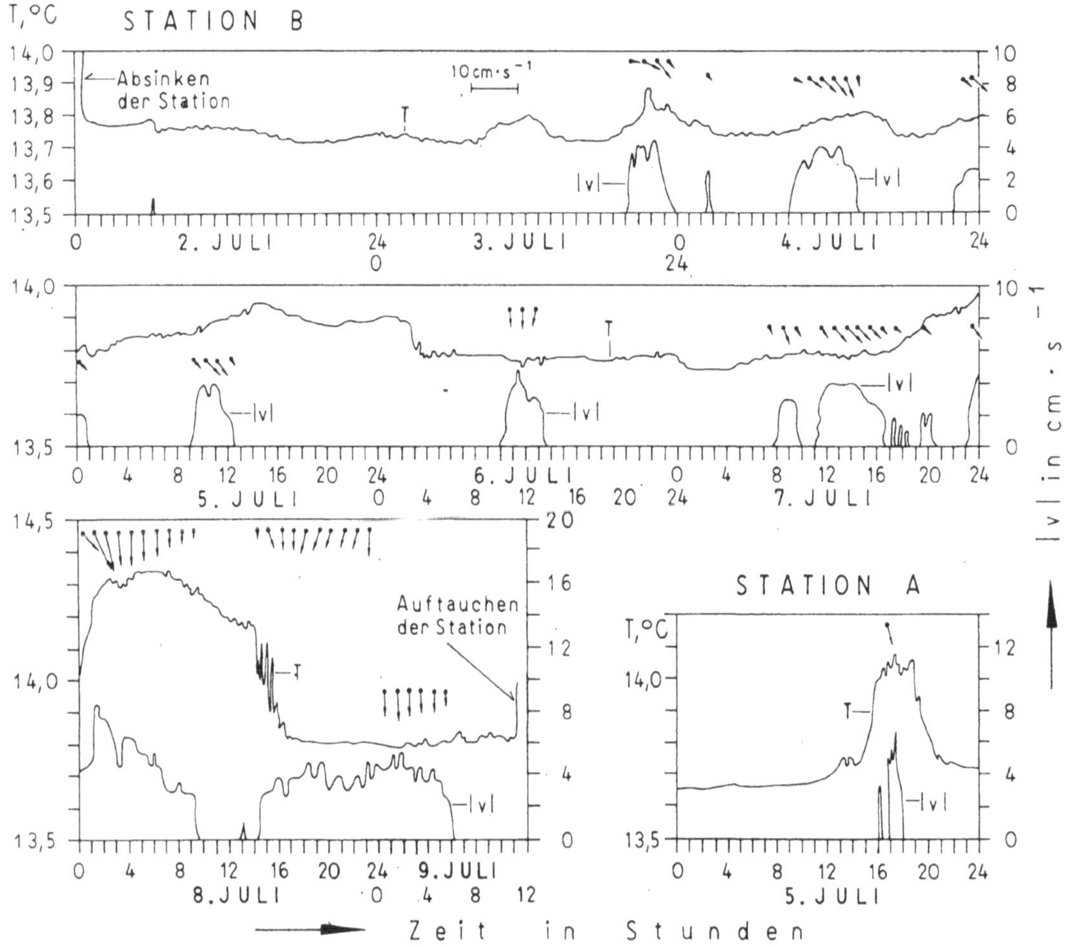

Abb. 3. Temperatur und Strömungsgeschwindigkeit des bodennahen Meerwassers an den Stationen A und B im östlichen Mittelmeer (vgl. Abb. 2)

Die Strömungsvektoren geben die Richtung in der Kartenebene an, die angegebenen Zeiten sind Ortszeiten (GMT + 2 h)

durch die eingesetzten Stationen ADS-8 festgestellt: An der etwa 5100 m tiefen Station III war keine Bewegung des bodennahen Meerwassers zu registrieren; die Temperatur betrug über die gesamte Meßzeit von 12 Tagen konstant 2,39 °C. Die etwa 800 m höher gelegene Station II wies ganz schwache SE-Strömung auf, die bis auf Stundenmittel von 4 cm · s^{-1} anstieg und dabei auf Südwest drehte. Station I zeigte bis auf Stundenmittel von 5,5 cm · s^{-1} ansteigende, stets westwärts gerichtete Strömung des bodennahen Meerwassers an. Die Temperaturen fluktuierten bei beiden Stationen mit unterschiedlicher Periode (Abb. 5) um einige Hundertstel Grad Celsius. Für die pelagische Sedimentation im untersuchten Gebiet bedeuten diese Befunde, daß Erosion der Bodensedimente durch die Strömung nicht stattfindet (nach KENNETT 1982 sind dafür Strömungsgeschwindigkeiten von mindestens 20 cm · s^{-1} erforderlich), in den höhergelegenen Regionen wohl aber der Partikelstrom zum Meeresboden ebenso beeinflußt wird (bevorzugte Ablagerung im Lee lokaler Hochlagen und in Senken) wie der Transport der im Sediment frühdiagenetisch mobilisierten Ionen, die an der Sediment/Meerwasser-Grenzfläche diffusiv ins bodennahe Meerwasser eintreten.

Reykjanes-Rücken

Es wurde eine Station ADS-Gradient (Abb. 1, links) auf dem Top des Reykjanes-Rückens südwestlich von Island (etwa 60°59,7 N, 27°47,7 W, Wassertiefe 960 m) insgesamt 86 h (6. bis 10. 9. 88) eingesetzt. Abb. 6 zeigt, daß die Stundenmittel der Strömungsgeschwindigkeit relativ hoch sind und bis zu 17 cm · s^{-1} erreichen, unterbrochen von Stagnationsphasen insbesondere 2,5 und 10 m über Grund. Während die vier höheren Horizonte (5, 10, 15 und 25 m über Grund) nach Geschwindigkeit und Strömungsrichtung etwa übereinstimmen, weicht der bodennächste Horizont stärker ab: Die oberen Horizonte weisen überwiegend NNW- bis N-Strömung sowie eine rückenparallele SW-Strömung auf, während 2,5 m über Grund zur ± rückenparallelen S- bis SW-Strömung eine NW- bis W-Komponente tritt. Die hier nicht wiedergegebenen diskreten Registrierungen (alle 112,5 s) zeigen diese Unterschiede noch deutlicher. Es wurden absolute Maxima der Strömungsgeschwindigkeit von 16 cm · s^{-1} gemessen, wobei auch hier von benthischen Stürmen gesprochen werden kann, da die Strömungsgeschwindigkeit nach Stagnationsphasen von bis zu 30 Stunden Dauer innerhalb kürzester Zeit auf Werte über 10 cm · s^{-1} ansteigt. Die Temperatur des bodennahen Meerwassers variiert in den oberen Horizonten ± synchron um einen Mittelwert von 4,7...4,8 °C, im bodennächsten Horizont treten stärkere Abweichungen auf (Abb. 6).

Eine Zuordnung zum Strömungsgeschehen ist nur undeutlich festzustellen. Mittelt man über die gesamte Meßzeit, so zeigt sich, daß der Gesamtdurchschnitt der Strömungsgeschwindigkeit von wenig über 1 cm · s^{-1} in den oberen vier Horizonten auf über 2 cm · s^{-1} im Horizont 2,5 m über Grund ansteigt. Neben dem geringen Krustenalter in der Kammzone des Reykjanes-Rückens sind die relativ hohen Strömungsgeschwindigkeiten wechselnder Richtung Ursache dafür, daß Sedi-

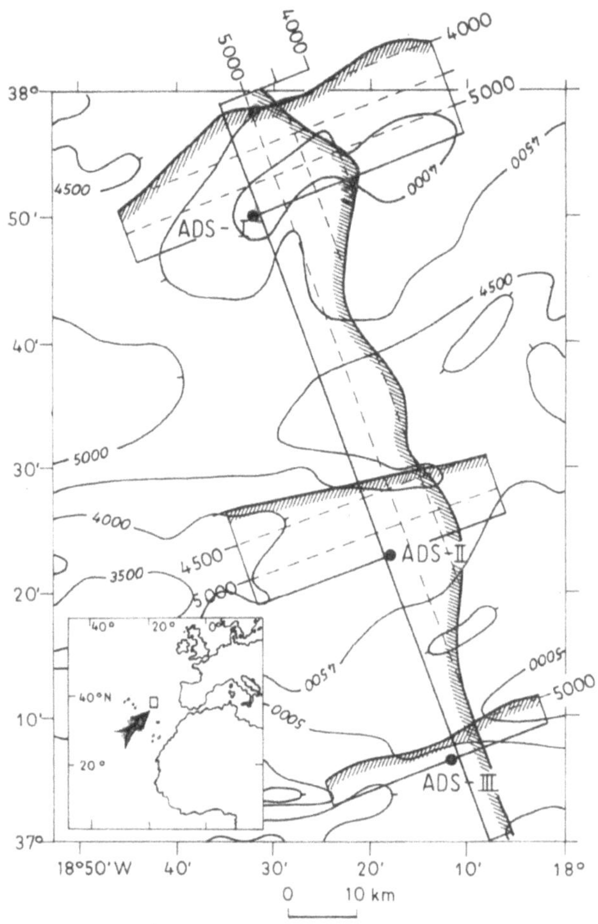

Abb. 4. Lage von drei Stationen ADS-8 im Übergangsbereich von Iberischem und Kanarenbecken des östlichen Nordatlantiks in Beziehung zur Morphologie des Meeresbodens

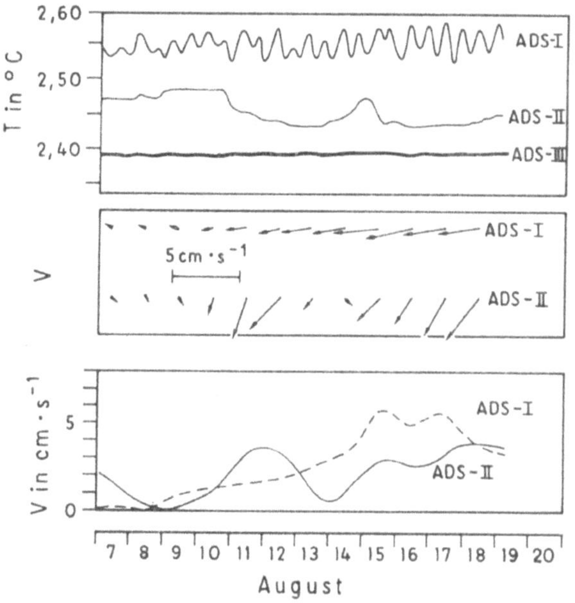

Abb. 5. Temperatur, Strömungsrichtung und -geschwindigkeit des bodennahen Meerwassers an den Stationen I bis III (vgl. Abb. 4)

Temperatur und Strömungsgeschwindigkeit als Stundenmittel, Strömungsvektoren als Tagesmittel

mente auf dem Rücken nur in tektonisch angelegten lokalen Hohlformen angetroffen werden. Exhalationen des Spreading-Zentrums werden offenbar in bevorzugte Richtungen (s. o.) transportiert.

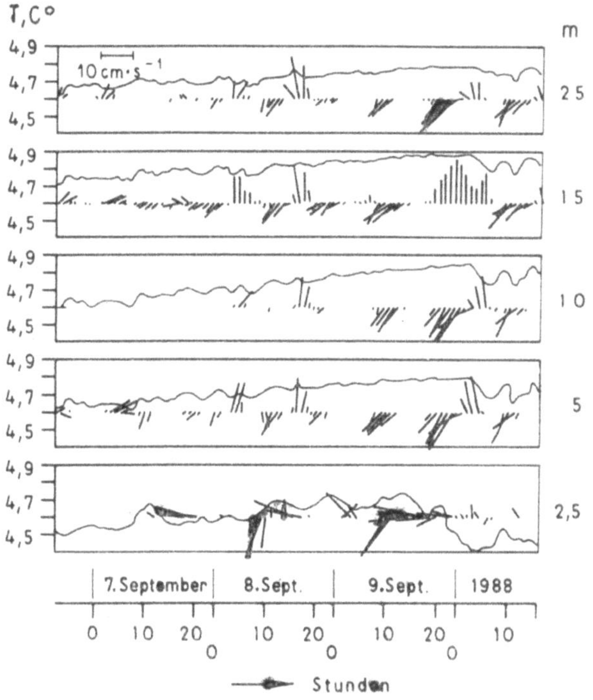

Abb. 6. Temperatur und Strömungsvektoren von fünf Horizonten (Tiefe über Grund rechts im Bild in m) im bodennahen Meerwasser des Reykjanes-Rückens (Stundenmittel)

Zusammenfassung

Mittelfristige Messungen von Strömungsgeschwindigkeiten und -richtungen sowie der Temperatur des bodennahen Meerwassers an je drei Standorten im östlichen Mittelmeer, im östlichen Nordatlantik und einer Station auf dem Reykjanes-Rücken des Nordatlantiks vermitteln Vorstellungen von den aktuo-faziellen Verhältnissen am Meeresboden, die entsprechend den lokalen Bedingungen stark wechseln und von seismisch induzierten Trübeströmen bis zur quasi-Stagnation reichen können.

Резюме

Средние по длительности проведения замеры скоростей течений, их направлений, а также температур придонных морских вод, проведенные по трем пунктам в восточной части Средиземного моря, в восточной части Северной Атлантики и станции в пределах хребта Рейкьянеса в Северной Атлантике, позволили создать представление об актуофациальных условиях на морском дне. В соответствии с локальными причинами эти условия могут резко меняться и характеризоваться как наличием сейсмически индуцированных мутных течений, так и состоянием почти полного застоя.

Summary

Middle-termed measures of stream velocities and -directions and of the temperature of the bottom-near sea water at three positions in the eastern Mediterranian, in the eastern North Atlantic and at a station on the Reykjanes ridge in the North Atlantic give ideas to the actuo-facial situation at the sea floor. Due to the local conditions it alterates very strong and reaches from seismical indicated slurry slumps to the stagnation.

Literatur

DIETRICH, P. G.; KONTAR', E. A.: Morphologisch-fazielle Einflüsse auf die Mangan-knollenführung im äquatorialen Nordpazifik. – Z. angew. Geol., Berlin 35 (1989) 6, S. 161–165

HAYES, S. P.: Benthic current observation at Domes Sites A, B and C in the tropical North Pacific Ocean. – In: BISCHOFF, J. L.; PIPER, D. Z. (Hrsg.): Marine Geology and Oceanography of the Pacific Manganese Nodule Province (Mar. Sci., vol. 9). New York: Plenum Press 1979, S. 83–112

KENNETT, J. P.: Marine Geology. – Englewood Cliffs: Prentice Hall 1982, 813 S.

KLEIN, H.: Benthic storms, vortices and particle dispersion in the deep West European Basin. – Dt. Hydrogr. Z., Hamburg 40 (1987) 3, S. 87–102

KONTAR', E. A.: Samovsplyvajuščie sistemy dlja geologo-geofizičeskich issledovanij okeana. – Moskva: Izd. Nauka 1984, 152 S.

OVČINNIKOV, I. M.: Osnovnye osobennosti cirkuljacii vod Sredizemnogo morja. – In: Gidrogeologičeskie i gidrochimičeskie issledovanija v Sredizemnom more i Černom morej. Moskva: Inst. okeanol. AN SSSR 1979, S. 73–80

ŠIMKUS, K. M.: Donnye osadki Sredizemnogo morja i ego pozdně-četvertičnaja istorija. – In: Gidrogeologičeskie i geologičeskie issledovanija Sredizemnogo i Černogo morej. Moskva: Izd. Nauka 1975, S. 110–155

Komplexe Auswertung regionaler geochemischer Prospektionsmethoden im Bereich des Rambergmassivs

Teil 3: Interpretation und Bewertung der Prospektionsergebnisse

MANFRED BIRKE, JOHANNES RENTZSCH, Berlin

Veröffentlichung Nr. 17/90 aus dem Zentralen Geologischen Institut

Einleitung

Die SSW–NNE streichende Unterharzer Erzzone (1., spätvariszischer Mineralisationszyklus) ist das bedeutendste Metallotekt des spätvariszischen Übergangsstockwerkes. Im 2., postvariszischen Mineralisationszyklus wurde sie von der sogenannten Unterharzer Fluoritzone überprägt. Die strukturelle Bindung des granitischen Magmatismus und der postgranitischen Mineralisationen wurde von KUSCHKA & FRANZKE (1974) belegt. Daher besitzt die Analyse der Bruchstrukturen große Bedeutung für die komplexe Interpretation der Ergebnisse der Oberflächengeochemie. Die mineralisierten Teile der meist steil bis flach herzynen Gangstrukturen liegen vor allem in den Kreuzungsbereichen mit eggischen und rheinischen Strukturelementen. Nach BAUMANN & WERNER (1968) werden für die Ganglagerstätten des Harzes ein erster, spätvariszischer (granitogener) und ein zweiter, postvariszischer Mineralisationszyklus ausgehalten (Abb. 1). Nach KLAUS (1987) wird der spätvariszische Mineralisationszyklus von einer Quarz-Wolframit-, einer Quarz-Sulfid-, einer Quarz-Haematit-, einer Manganoxid- und einer Karbonspat-Abfolge gebildet. Der saxonische Mineralisationszyklus setzt sich aus einer Baryt-Karbonspat-, einer Calcit-Fluorit-Quarz- und einer Baryt-Fluorit-Abfolge zusammen. Über die Erzmineralparagenesen der Unterharzer Erzzone und deren Verbreitung stellte HESEMANN (1930) das Material zahlreicher Bearbeitungen zusammen und führte erzmikroskopische Untersuchungen durch. Auf der Basis moderner geochemischer Methoden (Isotopengeochemie, Mikrothermometrie, Neutronenaktivierungsanalyse) an Erz- und Gangartmineralen (Fluorit, Calcit, Sulfide, Quarz) wurden von LÜDERS (1988) genetische Schlußfolgerungen für ältere Mineralisationsabfolgen abgeleitet.

Geochemische Spezialisierung der granitoiden Gesteine

Die beiden im Erosionsanschnitt räumlich getrennten Teile des gleichkörnigen Ramberggranites bestätigen mit ihrer Spuren- und Hauptelementführung (EIDAM & SEIM 1970/71) die petrographisch-geologische Erkenntnis, daß es sich hier um einen Granittyp handelt. Aus dem modalen Mineralbestand (BENEK 1965) ist eine Quarz- und Feldspatanreicherung gegenüber dem porphyrischen Typ (reicher an Biotit, z. T. stark chloritisiert) zu erkennen. Der gleichkörnige Granit besitzt relativ hohe Si- und Al-Gehalte, jedoch niedrige Ti-, Fe-, Mg- und Ca-Gehalte. Aus dem Verhältnis von Aluminium zu den Alkalien und Calcium (A/CNK-Aluminiumindex) ergibt sich, daß die beiden Granittypen des Rambergmassivs metaluminous sind. Nach EIDAM & SEIM (1970/71) weist der starke Konzentrationswechsel der Spurenelemente Ba, Sr, Li, Zr, Co, Cr, Mn, Ni und Ti im Grenzbereich vom porphyrischen zum gleichkörnigen Granittyp auf eine getrennte Intrusion magmatischer Schmelzen hin. Die Gehaltsabweichungen für die Mehrzahl der untersuchten Elemente zwischen dem Zentrum des Massivs und seinem E-Kontakt können durch Differentationsprozesse im Verlauf der Intrusion und Abkühlung des Massivs hervorgerufen worden sein, die zu Inhomogenitäten im Chemismus eines Typs führten.

Die kleinerkörnigen Randfazies des gleichkörnigen Granittyps wurden von EIDAM & SEIM (1970/71, 1974) als Restdifferentiate (Differentiation in situ) angesehen. Im endogenen geochemischen Dispersionsfeld werden sie durch ein Konzen-

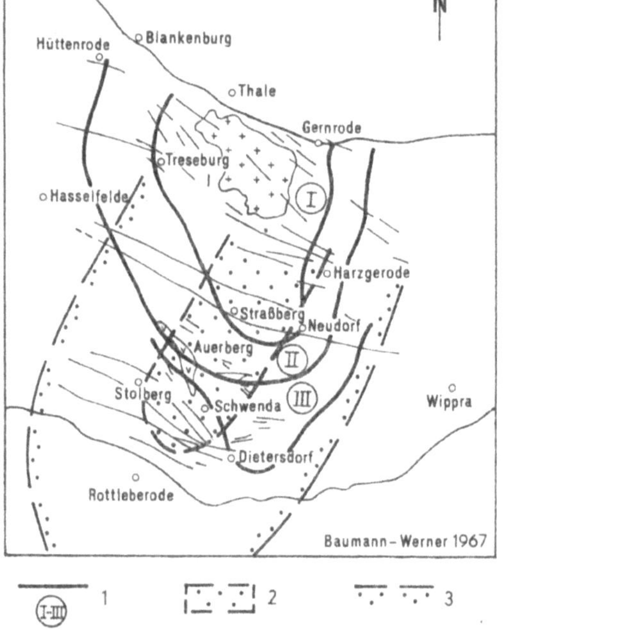

Abb. 1. Regionale Verbreitungsbereiche des variszischen und postvariszischen (saxonischen) Mineralisationszyklus im Unterharz (nach BAUMANN & WERNER 1968)

1 – zonale Abfolgen des variszischen Mineralisationszyklus: I – Wolframit-Abfolge und kiesige Abfolge, II – Cu–Zn–Pb-Abfolge, III – Sb-Abfolge; 2 – Fluoritzone des saxonischen Mineralisationszyklus; 3 – Barytzone des saxonischen Mineralisationszyklus

Eingang des Manuskripts in der Redaktion: 3. 10. 1989

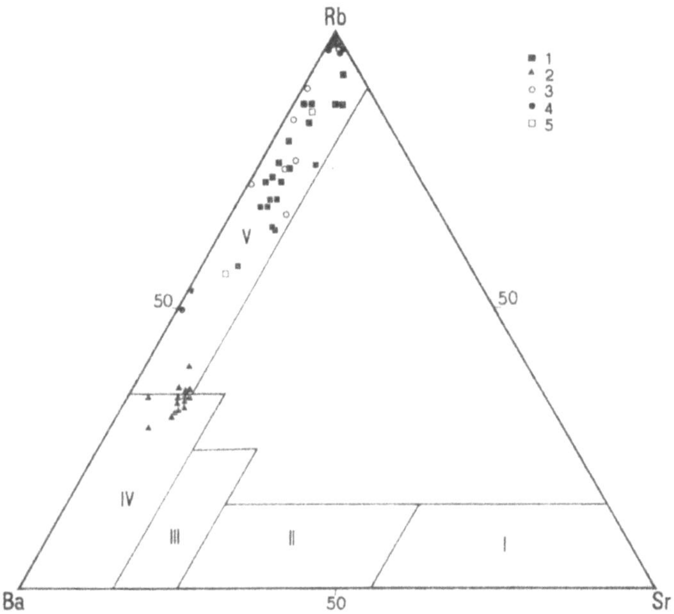

Abb. 2. Korrelationsdiagramm Ba—Rb—Sr für die granitoiden Gesteine des Rambergmassivs

1 — gleichkörniger Granittyp; 2 — porphyrischer Granittyp; 3 — feinkörnige Randfazies (Aplite); 4 — Quarzglimmergestein (östlicher Granitkontakt); 5 — Granit an der Erichsburg
Felder nach EL BOUSEILY & EL SOKKARY (1975): I — Diorite; II — Granodiorite; III — anomale Granite; IV — normale Granite; V — hochdifferenzierte Granite

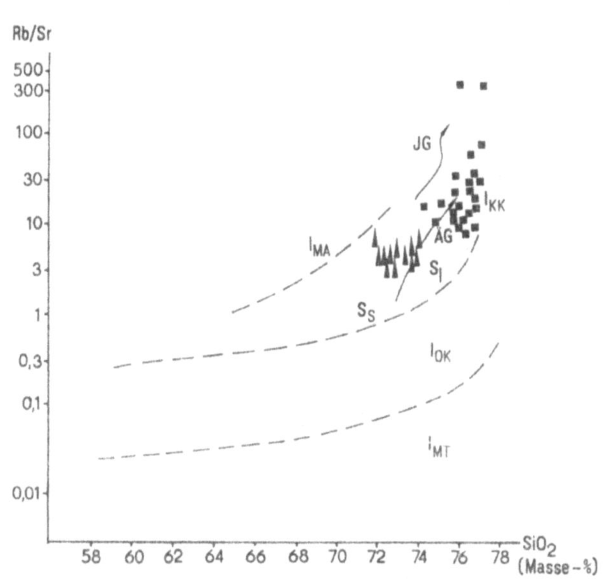

Abb. 3. Verteilung der granitoiden Gesteine des Rambergmassivs im Rb/Sr—SiO_2-Diagramm

■ — gleichkörniger Granittyp; ▲ — porphyrischer Granittyp; ÄG, JG — Granitoide Erzgebirge; Gliederung in genetische Granitoidtypen nach TISCHENDORF & PÄLCHEN (1985): S_S — in situ Granitoide der kontinentalen Kruste, S_I — intrusive Granitoide der kontinentalen Kruste (Anatexite von Parametamorphiten), I_{KK} — intrusive Granitoide der kontinentalen Kruste (Anatexite von Orthometamorphiten), I_{OK} — intrusive Granitoide der ozeanischen Kruste, I_{MT} — intrusive Mantelgranitoide der Tholeiitserie, I_{MA} — intrusive Mantelgranitoide der Alkaliserie

Tab. 1. Geochemische Spezialisierung der Gesteine des Ramberggranites gegenüber regionalen und planetaren Clarkewerten (KK > 1,0)

Gesteinstyp	planetarer Clarke-Gehalt	regionaler Clarke-Gehalt[1])
gleichkörniger Granit	As—B—Bi—Li—Sn—W—Rb—Pb	W—Y—Li—Co
E-Teil	As—Bi—B—Li—Sn—W—Rb—Pb	W—Y—Li—Sn—Rb—Co
W-Teil	As—B—Bi—Sn—W—Li—Rb—Pb	W—Li—Y—Co—Sn
porphyrischer Granit	As—Bi—Li—Sn—W—Pb—Zr	Y—Co—Li—Zr—W—F—Ba
feinkörnige Randfazies (Aplite)	B—As—Sn—W—Bi—Rb—Li—Cu	W—Sn—B—Cu—Co—Rb—Li
Quarzglimmergesteine	As—W—Sn—Bi—F—Li—B—Rb—Mo—Zn	W—F—Sn—Li—Rb—Cu—Zn—Mn—Y
Erichsburger Granit	W—Sn—Bi—As—Mo—Li—Rb—B—Cu—Pb	W—Sn—Y—Cu—F—Li—Rb—Co—Be
Bodegang	B—Bi—As—Li—Sn—Pb—W—Mo—Be	Li—Be—B—W—Co—Y—Mn

[1]) nach TISCHENDORF, PÄLCHEN u. a. (1987)

trationsgefälle, das mit der Anreicherung leichtflüchtiger Elemente in Kontaktnähe verbunden ist, charakterisiert.

Die ermittelten Konzentrationskoeffizienten zum regionalen Granit-Clarke (TISCHENDORF, PÄLCHEN u. a. 1987) ergeben für den E-Teil des gleichkörnigen Granittyps eine W—Li—Rb—Sn-Spezialisierung, die sich z. T. in den Ergebnissen der regionalen geochemischen Oberflächenprospektion widerspiegelt. Im BaRbSr-Dreieck (nach EL BOUSEILY & EL SOKKARY 1975) wird der gleichkörnige Granit den hochdifferenzierten Graniten zugeordnet, während der porphyrische Granit mehr einem Normalgranit ähnelt (Abb. 2). Der Vergleich der Durchschnittsgehalte der granitoiden Gesteine des Rambergmassivs mit den planetaren und regionalen Clarke-Werten für Granitoide (RÖSLER & LANGE 1975; TISCHENDORF, PÄLCHEN u. a. 1987; PÄLCHEN, RANK u. a. 1987) liefert zusätzliche Informationen zur Charakterisierung des geochemischen Grundangebotes (endogenes geochemisches Feld) im Untersuchungsgebiet (Tab. 1). Entsprechend der von KOPTEV-DVORNIKOV & RUB (in ARISTOV 1984) auf der Basis von Konzentrationskoeffizienten (KK) vorgeschlagenen Spezialisierungsarten liegt für die granitoiden Gesteine des Rambergmassivs eine überwiegend geochemische Spezialisierung vor (KK = 1—10); lediglich die Quarzglimmergesteine weisen eine akzessorisch-mineralogische (KK = 10—50) für die Elemente As, W und Sn auf. Nach TISCHENDORF, PÄLCHEN u. a. (1987), RICHTER & STETTNER (1978), RICHTER (1984) u. a. ist der Fraktionierungsgrad, der in abnehmenden K/Rb- (< 100), zunehmenden Rb/Sr- und in den RbBaSr-Verhältnissen zum Ausdruck kommt, als Hinweis auf eine erhöhte metallogenetische Potenz zu werten (Tab. 2).

Die Zuordnung von Granitoiden zu bestimmten magmatischen Formationen mit Hilfe ihrer Rb-Gehalte bzw. des Verhältnisses K/Rb läßt Rückschlüsse auf die Perspektivität eines Gebietes zu (STAVROV 1981). Die Zunahme der K/Rb-Verhältnisse korreliert mit den Sn-Gehalten der Granittypen. Nach der genetischen Gliederung von STAVROV (1981) auf der Basis der Parameter Rb—K/Rb sind die Granite des Rambergmassivs der Formation der differenzierten Intrusivkomplexe zuzuordnen.

Die Abnahme des Granitindex i (TAUSON 1981) signalisiert ein hohes Dispersionsniveau der Elemente ($i = 0{,}3—0{,}4$) in den entsprechenden Gesteinen (Tab. 3) des Rambergmassivs (Quarzglimmergesteine, Aplite, E-Teil gleichkörniger Granit-

Tab. 2. Vergleich der mittleren Elementverhältnisse in den Gesteinen des Rambergmassivs

Elementverhältnis	gleichkörniger Granit			porphyrischer Granit	Aplite	Quarzglimmergesteine	Erichsburger Granit
	E-Teil	W-Teil	gesamt				
Rb/Sr	21,70	21,80	21,70	4,10	126,70	197,00	23,80
(Li × 10^3)/K	0,96	0,55	0,81	1,35	0,80	4,73	—
K/Rb	107,80	117,20	111,90	55,40	104,80	69,00	104,00
Ba/Rb	0,30	0,12	0,22	1,73	0,23	0,38	0,40
Mg/Li	23,90	42,90	25,70	51,90	20,00	3,60	—
Zr/Sn	11,10	7,80	9,60	33,50	4,00	1,90	8,50

Tab. 3. Vergleich der Granitindizes nach TAUSON (1981) für die Gesteine des Rambergmassivs

Gesteinstypen	Granitindex, $i = [100 \times (Sr + Ba)/F \times (Li + Rb)]$
gleichkörniger Granittyp	1,07
E-Teil	0,57
W-Teil	1,46
porphyrischer Granittyp	1,07
Aplite	0,41
Quarzglimmergestein	0,01
Erichsburger Granit	0,96

typ). Der Chemismus der Hauptelemente (EIDAM 1970) erlaubt eine Charakterisierung der Gesteine als Granitoide des S-Typs im Sinne von CHAPPELL & WHITE (1974). Auf der Basis der erweiterten genetischen S-I-Typ-Klassifikation von TISCHENDORF & PÄLCHEN (1985) sind die Granittypen des Untersuchungsgebietes den intrusiven Granitoiden der kontinentalen Kruste (S_I- und I_{KK}-Typ) zuzuordnen (vgl. Abb. 3).

Zonalität der Elementverteilung im exogenen geochemischen Feld

Der Kenntnisstand über die zonale Anordnung von Erzmineralen des 1. Mineralisationszyklus als Folge der schalenartigen Anordnung der Abkühlungsbereiche und die Vorstellungen über die ableitbare Zonalität der Spurenelementassoziationen im Ergebnis der regionalen geochemischen Prospektion sind in RENTZSCH, BIRKE & EICHBERG (1990) sehr anschaulich dargestellt und begründet. Nach Meinung dieser Autoren wird die As—Hg-Zonalität durch die Ausbildung der Isothermalflächen auf den Gangstrukturen während der Abscheidung der hochthermalen älteren Mineralassoziationen und die hydrothermale Auslaugung der Nebengesteine der mineralisierten Strukturen verursacht.

Die Auswertung der regionalen Zonalität der Elementverteilung in den Bachsedimenten (vgl. Metalltypenkarte nach RENTZSCH, BIRKE & EICHBERG 1990) zeigt, daß im Granit eine As-reiche W—Sn—Bi—Cu—F-Mineralisation vorliegt (Abb. 4), für die neben As das Element Bi das wichtigste Indikatorelement ist.

Die geochemischen und mineralogischen Indikationen im Zentral-, E- und S-Teil des Massivs weisen auf eine stärkere postmagmatische Beeinflussung hin. Die erhöhten Rb/Sr-Verhältnisse in den Bachsedimenten (BIRKE & RENTZSCH 1990a, b; RENTZSCH, BIRKE & EICHBERG 1990) indizieren Bereiche anomaler, hochthermaler Elementparagenesen bzw. postmagmatischer Bildungen, die von einer Rb-Zufuhr begleitet werden. Im Gegensatz dazu sind die hohen Rb/Sr-Verhältnisse im S-Teil der Unterharzer Erzzone durch die hydrothermale Auslaugung (Sr-Abfuhr) auf den Gangstrukturen verursacht.

Die flächenhafte und das Granitgebiet charakterisierende W—B—(Sn—Rb)-Anomalie in der Schwermineralfraktion < 0,15 mm ergänzt und bestätigt die Ergebnisse der Bachsedimentprospektion (Abb. 5). Es zeigt sich eine Korrelation erhöhter und anomaler As-, Sn-, W-, Bi-, Cu-, F_{H_2O}- und $F_{sed.}$-Gehalte in den Bachsedimenten mit hohen Faktorwerten des Faktors Cu—Sn—F_{H_2O}—As—W—$F_{sed.}$—Bi, einer W-, Sn-, Rb-, REE-, Y-, B-Anreicherung in der Schwermineralfraktion < 0,15 mm und dem Nachweis von Wolframit, Scheelit und Kassiterit (vgl. BIRKE & RENTZSCH 1990a). Dabei wird neben dem Zentral- und E-Teil besonders die E-Flanke des Granites und deren Verlängerung in südsüdwestliche Richtung betont. In der Karte des Zonalitätskoeffizienten PbZnCu/WSnAs (vgl. BIRKE & RENTZSCH 1990a) bildet sich der Bereich der flächenhaften Bi—F_{H_2O}—As—W—Sn—Cu-Anomalie als WSnAs-angereicherte Zone ab, die sich ebenfalls in südwestliche Richtung weiter fortsetzt.

Im Exokontakt des Granites nimmt die As-Menge noch zu. Das ist als Hinweis auf eine As—Cu—Bi—Sn—W—F-Assoziation zu werten (Abb. 4). Für die As-Zone mit Bi—Cu—Sn—W-Mineralisationen (Erichsburg; HESEMANN 1930) deutet sich auf der flachen Flanke des nach Südsüdwesten abtauchenden Granitrückens eine Fortsetzung über die Unterharzer Erzzone an, die von RENTZSCH, BIRKE & EICHBERG (1990) bestätigt wird. Diese As-reiche Zone deckt sich mit dem Hauptverbreitungsgebiet der Pyrit-Arsenopyrit-Pyrrhotin-Assoziation nach CISSARZ (in KUSCHKA & FRANZKE 1974). Die Metalltypenkarte nach RENTZSCH, BIRKE & EICHBERG (1990) läßt erkennen, daß diese As-Zone in eine Zone mit Pb—Zn-Vormacht übergeht. Über der steilen ESE-Flanke des Granites setzen Ag—Pb—Zn-führende Anomalien im SE-Teil des Untersuchungsgebietes ein (vgl. Abb. 4), die sich als PbZn(Cu)-angereicherte Zone in der Karte des Zonalitätskoeffizienten (vgl. BIRKE & RENTZSCH 1990a) abbilden. Diese

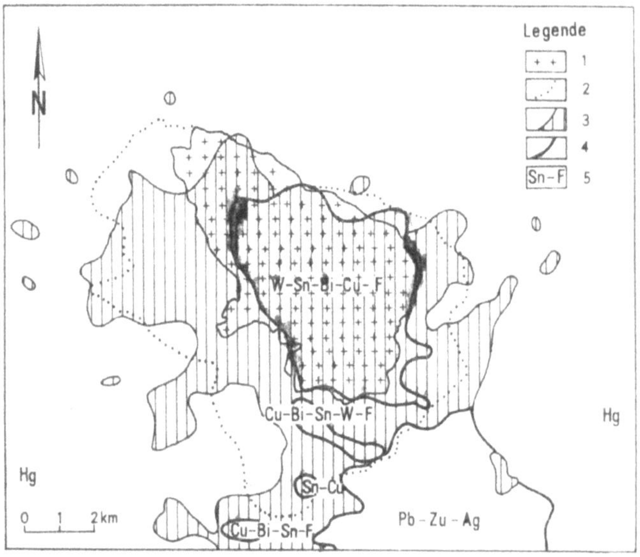

Abb. 4. Zonalitätsschema der Elementassoziationen in den Bachsedimenten

1 — Granit; 2 — äußerer Kontakthof; 3 — As-Zone; 4 — Verbreitungsgrenze der Elementassoziationen; 5 — vorherrschende Elemente

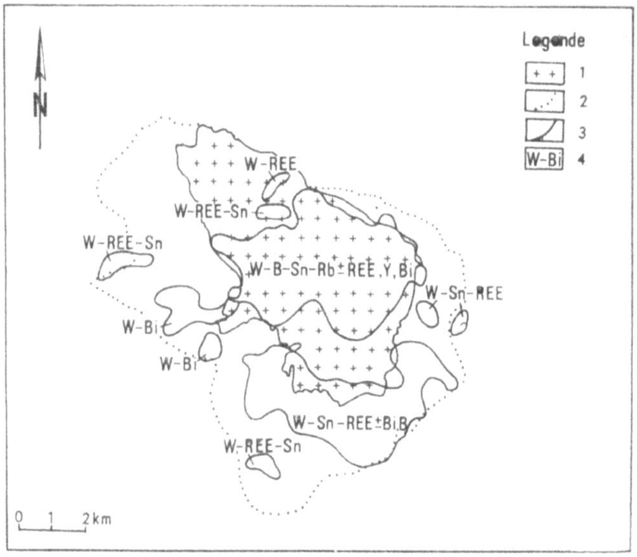

Abb. 5. Schema der Verbreitung der Elementassoziationen in der Schwermineralfraktion < 0,15 mm

1 — Granit; 2 — äußerer Kontakthof; 3 — Verbreitungsgrenze der Elementassoziationen; 4 — vorherrschende Elemente

Zone läßt sich nicht zusammenhängend in nördliche Richtung verfolgen. Westlich der Achse des rhenotypen Ramberg-lineamentes ist im Untersuchungsgebiet (Abb. 4) keine geschlossene PbZn(Cu)-Zone ausgebildet. Die Prospektionsergebnisse liefern die Bestätigung für die Vorstellungen einer zonalen Anordnung der Elementverteilung mit hochthermal abgesetzten Elementen (W, Sn, Cu, Bi) im Bereich des Rambergmassivs und mit meso- bis tiefthermal gebildeten Pb—Zn—Ag-Mineralisationen südlich des Untersuchungsgebietes bis zum Straßberg-Neudorfer Gang.

Ausgehend vom angeschnittenen Ramberggranit ähnelt die regionale Zonalität des 1. Mineralisationszyklus (W—Sn—Bi—Cu — Zn—Pb — Sb) der Zonalität der Vererzungen (Sn—W—Cu — Zn—Pb — Sb) um die Granite von Cornwall (MOORE 1982). Während in Cornwall der Schwerpunkt der Vererzungsintensität bei den Elementen Sn und Cu (MOORE 1982; MANNING 1986), d. h. den überkritischen und hochthermalen Paragenesen liegt, ist in der Unterharzer Erzzone vor allem die Pb—Zn-Vererzung relativ intensiv entwickelt und wurde in der Vergangenheit vor allem wegen der Ag-Führung des Galenites bergbaulich genutzt.

An die aufgeschlossenen Granite von SW-England sind Zinnmineralisationen gebunden (BEER 1979; STONE & EXLEY 1986), die durch hydrothermale Cu—Sn- und pneumatolytische Sn—W—As—Cu-Paragenesen (Greisenbildungen) gekennzeichnet werden.

Bewertung der geochemischen und mineralogischen Indikationen

Die in der Vergangenheit wirtschaftlich bedeutsamen Mineralisationen des 1. Mineralisationszyklus liegen auf einer NNE—SSW-streichenden Zone (max. 5 km breit) über der E-Flanke des nach Südwesten abtauchenden Granitrückens (OELKE 1973; KLAUS 1987). Geochemisch wird diese Zone (Gernrode—Harzgerode—Neudorf—Hayn—Wolfsberg) durch Bereiche erhöhter und anomaler As-Gehalte indiziert (BIRKE & RENTZSCH 1990a). Im Ergebnis der bachsedimentgeochemischen, schwermineralanalytischen sowie lithogeochemischen und megaskopischen Untersuchungen wurde festgestellt, daß in einzelnen Bereichen des Rambergmassivs extensive postmagmatische Sn—W-führende Mineralisationen auftreten, die durch die regionale Verbreitung von Kassiterit, Wolframit und Scheelit in den Schwermineralkonzentraten (BIRKE & RENTZSCH 1990a) bestätigt werden.

An der Erichsburg werden die spätvariszischen Gangmineralisationen von einer Sn- und z. T. W-reichen Quarz-Pyrit-Chalkopyrit-Chlorit-Assoziation gebildet. Die Gangmineralisation kann dem kupferreichen granitnahen Teil der hochthermalen Quarz-Sulfid-Abfolge (KLAUS 1987) zugeordnet werden. In den „Quarzglimmergesteinen" (EIDAM & SEIM 1970/71) am nordöstlichen Endokontakt des Granites (Kupferberg über dem Hagental) wurden etwas Arsenopyrit und Spuren von Bismuthin beobachtet. In unmittelbarer Nachbarschaft treten im Granit Verquarzungen und Turmalinisierungen auf, die entsprechende Sulfidgehalte führen. Lithogeochemische Untersuchungen ergaben anomale Sn-, W-, As- und Bi-Gehalte in den Gesteinen und metasomatischen Gesteinsumwandlungen. Ähnliche durch geochemische und mineralogische Anomalien belegte postmagmatische Bildungen wurden im Bereich des östlichen und südöstlichen Granitkontaktes lokalisiert (BIRKE & RENTZSCH 1990a).

Die Ergebnisse der Aufschlußuntersuchungen verdeutlichen, daß erhöhte W- und Sn-Konzentrationen häufig in Verbindung mit einer Chloritführung auftreten, die zumindest z. T. von Klüften und Quarztrümern ausgeht. Der nachgewiesene Chlorit kann in Anlehnung an KÜHNE (1967) als charakteristisches Paragenesemineral der sulfidführenden Quarz-Wolframit-Kassiterit-Assoziation angesehen werden. Chlorit wurde sowohl in den metasomatischen Nebengesteinsumwandlungen als auch in Gangmineralisationen beobachtet. Die Mineralisationen im Hagental (Trümermineralisationen) und an der Erichsburg sind der Kassiterit-Silikat-Formation nach RADKEVIČ (in BOLDUAN 1972), und zwar dem Turmalin- und Chlorit-Typ zuzuordnen.

Prospektionsmethodische und metallogenetische Schlußfolgerungen

1. Die regionale Wasser-Bachsediment-Schlichprospektion liefert Erkenntnisse über die Element- und Mineralverteilung in den sekundären Dispersionsaureolen und -strömen, die von spätvariszischen und saxonischen Mineralisationen ausgehen.
2. Die geochemische Oberflächenprospektion kann mit Erfolg in alten Bergbaugebieten eingesetzt werden. Der kombinierte Einsatz geochemischer und mineralogischer Methoden garantiert den Nachweis mineralisationsbedingter Anomalien. In unverritzten Gebieten (z. B. E-Flanke des Ramberggranites) treten mineralisationsbedingte Anomalien nur mit schwachen Kontrasten zum regionalen geochemischen Untergrund auf. Im Gegensatz dazu liegt in stark verritzten Bereichen (z. B. Straßberg—Neudorf) ein gestörtes exogenes geochemisches Feld vor (typisch für das Erzgebirge), das die Herausbildung kontrastreicher geochemischer Multielementanomalien, die anthropogen durch den alten und rezenten Bergbau verstärkt sind, verursacht.
3. Es zeigt sich, daß bei der Intrusion metallogenetisch höffiger granitoider Magmen in anchimetamorphe Tonschieferfolgen bei Teufenlagen > 1500 m mit den bachsedimentgeochemischen Daten (As-Aureole, As—Hg-Zonalität und den Rb/Sr-Verhältnissen) eine Möglichkeit der geochemischen Tiefenprospektion besteht (RENTZSCH, BIRKE & EICHBERG 1990).
4. Die automatische Rayonierung des exogenen geochemischen Feldes im Ergebnis der multivariaten Datenauswertung ermöglicht eine differenzierte Diagnose komplexer Anomalien sowie eine Typisierung der geochemischen Multielementanomalien als mineralisations- und strukturell bedingte, gesteinsbedingte, milieu- und anthropogen bedingte.
5. Die flächendeckende Bearbeitung mit einer komplexen Methodik erhöht entscheidend den Kenntnisstand in Bereichen nachgewiesener Multielement- und/oder Mineralanomalien und qualifiziert damit neben der Klärung der Anomalieursachen vor allem die metallogenetische Bewertung eines Gebietes durch die weitere Differenzierung des Anomalienbildes.
6. Die Elementverteilung in den Bachsedimenten bestätigt die von verschiedenen Autoren postulierte laterale Zonalität der Elementassoziationen des 1., spätvariszischen Mineralisationszyklus.
7. Die mineralogischen und geochemischen Indikationen weisen auf extensive postmagmatische Sn—W-führende Mineralisationen hin, die den pneumatolytischen bis hochthermalen Anteil der Mineralisationen der Unterharzer Erzzone bilden.
8. Die Ergebnisse der Schwermineralprospektion führen zu einer Klärung der mineralogischen Bindungsform besonders der metallogenetisch interessanten Elemente und erlauben gemeinsam mit den megaskopischen und lithogeochemischen Untersuchungen mineralparagenetische Schlußfolgerungen und die Bestimmung des Mineralisationstyps.
9. Die lithogeochemischen Untersuchungen bestätigen die Ergebnisse der geochemischen Oberflächenprospektion und zeigen besonders für den E-Teil des gleichkörnigen Granittyps eine geochemische Spezialisierung an.

10. Die am speziellen Beispiel diskutierten komplexen geochemischen Prospektionsmethoden eignen sich auch für eine geochemische Kartierung im Maßstab < 1:100000. International an verschiedenen Beispielen belegbar, nimmt die Bedeutung der geochemischen Bachsedimentprospektion für die kleinermaßstäbliche Multielementkartierung in der Zukunft zu. Auf Vorschlag internationaler geochemischer Vereinigungen wird anhand der bisherigen Erfahrungen eine einheitliche internationale Kartierungsmethodik auf der Basis der Bachsedimentgeochemie erarbeitet (IGCP-Projekt 259 „International Geochemical Mapping").

Zusammenfassung

Im Ergebnis der komplexen Auswertung der geochemischen Untersuchungsmethoden kann festgestellt werden, daß im Granitverbreitungsgebiet im Bereich herzynisch streichender Gangstrukturen und im südlichen Exokontakt extensive postmagmatische Sn–W-führende Mineralisationen auftreten. Die regionale Zonalität der Elementverteilung in den Bachsedimenten bestätigt für das Rambergmassiv das Vorhandensein einer As-reichen W–Sn–Bi–Cu–F-Mineralisation. Die spätvariszischen Mineralassoziationen sind der Kassiterit-Silikat-Formation zuzuordnen.

Резюме

В результате комплексной обработки данных геохимических исследований удалось установить, что в ареале распространения гранита в области развития жильных структур герцинского простирания и на южном экзоконтакте встречаются обширные постмагматические оловянно-вольфрамовые минерализации. Региональная зональность распределения элементов в донных осадках в области Рамбергского массива подтверждает наличие богатой мышьяком минерализации W–Sn–Bi–Cu–F. Поздневарисцийские минеральные ассоциации необходимо связывать с касситерит-силикатной формацией.

Summary

As a result of the complex interpretation of the geochemical methods of investigation may be stated that extensive Sn–W bearing mineralizations occur in the district of granite extension and in the area of vein structures striking to Hercynian direction in the southern endocontact. The regional zonality of the element distribution in the stream sediments confirms the existence of a W–Sn–Bi–Cu–F mineralization rich in arsenic for the Ramberg massif. The late Variscan mineral associations must be confined to the cassiterite-silicate-formation.

Literatur

ARISTOV, V. V.: Metodika geochimičeskich poiskov tverdych iskopaemych. – Moskva: Izd. Nedra 1986, 219 S.

BAUMANN, L.; WERNER, C.-D.: Die Gangmineralisationen des Harzes und ihre Analogien zum Erzgebirge und zu Thüringen. – Ber. Dtsch. Ges. geol. Wiss. A., Berlin **13** (1968) 5, S. 525–548

BEER, K. E.: Paragenesis in the Variscan metallogenetic provine of Cornwall and Devon. – Freib. Forsch.h. R. C 345, Leipzig (1979) S. 15–28

BENEK, K.: Der Bau des Ramberg-Plutons im Harz. – Abh. Dtsch. Akad. Wiss. Berlin, Kl. Bergbau, Hüttenw., Montageol., Berlin (1967) 1, S. 7–80 (Abh. Geotechn. Nr. 24)

BIRKE, M.; RENTZSCH, J.: Komplexe Auswertung regionaler geochemischer Prospektionsmethoden im Bereich des Rambergmassivs, Teil 1: Wasser-, Bachsediment- und Schwermineralprospektion. – Z. angew. Geol., Berlin **36** (1990) 5, S. 161–166 (1990a)

– Komplexe Auswertung regionaler geochemischer Perspektionsmethoden im Bereich des Rambergmassivs, T. 2: Multivariate statistische Bearbeitung der Prospektionsergebnisse. – Z. angew. Geol., Berlin **36** (1990) 7, S. 249–253 (1990b)

CHAPPEL, B. W.; WHITE, A. J. R.: Two contrasting granite types. – Pacific Geol., Tokyo **8** (1974) S. 173–174

EIDAM, J.; SEIM, R.: Zur Geochemie und Genese des Ramberg-Massivs (Harz). – Chem. Erde, Jena **29** (1970/71) 4, S. 277–333

– Vergleichende geochemische Untersuchungen der Granite des Brocken- und Ramberg-Massivs im Harz. – Chem. Erde, Jena **33** (1974) 1, S. 31–46

EL BOUSEILY, A. M.; EL SOKKARY, A. A.: The relation between Rb, Ba and Sr in granitic rocks. – Chem. Geol., Amsterdam **16** (1975) S. 207–219

FRANZKE, H.-J.: Zur Bruchtektonik im Unterharz. – Z. geol. Wiss., Berlin **4** (1976) 7, S. 1000–1023

HESEMANN, J.: Die Erzbezirke des Ramberges und von Tilkerode im Harz. – Arch. Lagerstättenforsch., Berlin **46** (1930), 92 S.

KLAUS, D.: Zur Geschichte des Silberbergbaus im Revier Harzgerode–Alexisbad. – Fundgrube, Berlin **23** (1987) 1, S. 2–7

KÜHNE, R.: Nebengesteinsveränderungen an einigen sächsischen und thüringischen polymetallischen und Baryt-Fluorit-Lagerstätten. – Freib. Forsch.h. R. C 209, Leipzig (1967) S. 121–123

KUSCHKA, E.; FRANZKE, H.-J.: Zur Kenntnis der Hydrothermalite des Harzes. – Z. geol. Wiss., Berlin **2** (1974) 12, S. 1417–1436

LÜDERS, V.: Geochemische Untersuchungen an Erz- und Gangartmineralen des Harzes. – Berliner Geowiss. Abh., R. A, Berlin **93** (1988) D 188, 74 S.

MANNING, D. A. C.: Contrasting styles of Sn–W-Mineralisation in peninsular Thailand and SW England. – Mineralium Deposita, Berlin **21** (1986) 4, S. 44–52

MOORE, J. M. M.: Mineral Zonation near the granitic batholits of South-West and Northern England and some geothermal analogues. – In: EVANS, A. M. (Ed.): Metall. Assoc. Acid Magmatism. Chichester–New York: Wiley & Sons 1982, S. 229–241

OELKE, E.: Der Bergbau im ehemals anhaltischen Harz. – Hercynia N. F., Leipzig **10** (1973) 1, S. 77–95

PÄLCHEN, W.; RANK, G.; LANGE, H.; TISCHENDORF, G.: Regionale Clarkewerte – Möglichkeiten und Grenzen ihrer Anwendung am Beispiel des Erzgebirges (DDR). – Chem. Erde, Jena **47** (1987) 1, S. 1–17

RADKEVIČ, E. A. in BOLDUAN, H.: Die Zinnmineralisation im Erzgebirge, Typen und Verteilung. – Geologie, Berlin **21** (1972) 6, S. 677–692

RENTZSCH, J.; BIRKE, M.; EICHBERG, M.: Beiträge der Bachsedimentgeochemie zur Klärung der endogenen erzkontrollierenden Zonalität und zur Indizierung verborgener Granite. – Z. angew. Geol., Berlin **36** (1990) 4, S. 143–147

RICHTER, P.: Wolfram in Graniten Ostbayerns – Versuch einer metallogenetischen Gliederung. – Geol. Jahrb., Hannover D 63 (1984) S. 3–22

RICHTER, P.; STETTNER, G.: Geochemie und petrographische Untersuchungen der Fichtelgebirgsgranite. – Geol. Bavar., München **78** (1979), 144 S.

RÖSLER, H. J.; LANGE, H.: Geochemische Tabellen. – Leipzig: VEB Deutscher Verlag für Grundstoffindustrie 1979, 332 S.

STAVROV, O. D.: Geochimičeskij metod formationnogo analiza granitoidov i kriterii svjazi s nimi mestoroždenij. – Geochimija, Moskva (1981) 12, S. 1845–1867

STONE, M.; EXLEY, C. S.: High heat production granites of Southwest England and their associated mineralization: a review. – Trans. Inst. Min. Metall., London **95** (1986) February, B 25–B 36

TAUSON, L. V.: O strategii geochimičeskich poiskov. – In: Strategija geochimičeskich poiskov rudnych mestoroždenij. Novosibirsk: Izd. Nauka 1980, S. 4–9

TISCHENDORF, G.; PÄLCHEN, W.: Zur Klassifikation von Granitoiden. – Z. geol., Wiss., Berlin **13** (1985) 5, S. 615–627

TISCHENDORF, G.; PÄLCHEN, W.; RÖLLIG, G.; LANGE, H.: Formationelle Gliederung, petrographisch-geochemische Charakteristik und Genese der Granitoide der DDR. – Chem. Erde, Jena **46** (1987) S. 7–23

Vorkommen und Nutzung von Begleitrohstoffen einschließlich Bernstein im Raum Bitterfeld[1])

KLAUS DENEF, Delitzsch; GERHARD DOLL, Leipzig; DIETRICH HÄUSSER, Berlin; WOLFGANG KARPE, Bernburg

In der DDR werden jährlich über 300 Mill. t Rohbraunkohle im Tagebau gewonnen. Da die Braunkohle aus immer größer werdenden Tiefen gefördert wird, ist zwangsläufig immer mehr Deckgebirge über der Kohle abzutragen und zu verkippen. Die das Deckgebirge bildenden Sedimente sind zum Teil auch als „Begleitrohstoffe" von großer volkswirtschaftlicher Bedeutung und werden deshalb zielgerichtet seit Jahren zur Deckung des Rohstoffbedarfes in der DDR gewonnen und der Nutzerindustrie zur Verfügung gestellt. Perspektivisch ist eine Ausweitung und verstärkte Nutzung von Begleitrohstoffen vorgesehen.

In den zukünftigen Abbaugebieten steht zur langfristigen Gewinnung ein Begleitrohstoff-Ressourcenpotential zur Verfügung, das zusätzlich zu den traditionell in Abbau stehenden Rohstofflagerstätten genutzt werden kann.

Im Ergebnis der geologischen Untersuchungen werden sowohl Vorratsberechnungen für die Braunkohle als Hauptrohstoff als auch für die anfallenden Begleitrohstoffe wie Grundwasser, Quarzsande, Kiese, Tone, Kaolin, Torfe und bernsteinführende Schluffe angefertigt. Dabei müssen Menge und Qualität sowie ihre ökonomische Gewinnbarkeit bestimmt werden.

Eingang des Manuskripts in der Redaktion: 12. 12. 1989

[1]) Vortrag anläßlich der Fachtagung des Arbeitskreises Braunkohle der Geologischen Gesellschaft der DDR am 4. Mai 1989

Auf dieser Grundlage legen die Betriebe und beteiligten Institutionen schon in der Phase der Planung und Projektierung der Braunkohletagebaue, also mehrere Jahre vor dem Abbau, die Gewinnung und Verarbeitung dieser mineralischen Rohstoffe fest. Dabei sind solche Kriterien wie volkswirtschaftlicher Bedarf, Gewinnungskosten und Transport zu berücksichtigen.

Die Gewinnung erfolgt bei Grundwasser im Rahmen der bergbaulichen Entwässerung durch Filterbrunnen. Die festen mineralischen Rohstoffe, die über, zwischen oder unter den Braunkohleflözen lagern, werden entweder im Hauptprozeß der Abraumgewinnung durch die Großgeräte oder aber im Sonderbetrieb durch kleinere Geräte gewonnen. Bei flachliegenden Lagerstätten von Torf bzw. Kies erfolgt oft eine Gewinnung vor dem laufenden Tagebau in Sonderbetrieben. Auf Grund der damit gewonnenen Erfahrungen hat sich die Gewinnung der Begleitrohstoffe praktisch in zwei Verfahrensweisen als sinnvoll und ökonomisch anwendbar erwiesen:

1. Gewinnung der Begleitrohstoffe im Tagebau-Vorfeld durch die Nutzerindustrie und
2. Gewinnung der Begleitrohstoffe im Tagebaubetrieb durch die Braunkohleindustrie zur Deckung des Eigenbedarfes sowie in Form einer Direktbelieferung oder Haldung für die Nutzerindustrie.

Es kann festgestellt werden, daß trotz der Unterschiede in den jährlichen Förderhöhen die Bedeutung der Begleitrohstoffnutzung in den zurückliegenden Jahren ständig zugenommen hat.

Nachfolgend sei die Palette der verfügbaren Rohstoffarten vorgestellt, die aus insgesamt 85 Begleitrohstoff-Lagerstätten der DDR ausgewiesen wurde:

Ziegelrohstoff, Klinkerrohstoff, Baukeramikton, Töpferton, Feuerfestton, Spezialton, Kaolin, Kieselgur, Kiessand, Betonkies, Mörtelsand, Putzsand, sonstige Kiese und Sande, Füllmaterial, Gießereisande, Spezialsande, Quarzit, Torf, Bernstein, Natur- und Dekorationsstein sowie Quarzsand.

1988 wurden durch die Braunkohleindustrie u. a. etwa 2,7 Mill. t Kies, 0,4 Mill. t Ton, 260 kt Gießereisand, 55 kt Kaolin und ca. 350 Tm^3 Torf der Nutzerindustrie zur Verfügung gestellt. Für 1989 sind insbesondere bei der Nutzung von Kies und Ton Steigerungen auf mehr als 5,0 bzw. 2,0 Mill. t vorgesehen.

Die Rohkiese, die als Eigenbedarf in Form von Bettungs- und Stabilisierungsmaterial innerhalb des Tagebaubetriebes eingesetzt werden, stellen volkswirtschaftlich einen wesentlichen Beitrag zur Ökonomie des Förderbetriebes dar. In den letzten Jahren stieg der Bedarf sprunghaft an und wird 1990 voraussichtlich über 25 Mill. t betragen.

Die Steigerung der Begleitrohstoffnutzung wird in erster Linie durch den Bedarf der Abnehmerindustrie geregelt. Darüber hinaus werden durch die Anlage von Großhalden hochwertige Begleitrohstoffe der Volkswirtschaft langfristig für eine spätere Nutzung zur Verfügung gestellt.

Es gibt gegenwärtig in der DDR eine Reihe von Begleitrohstoffhalden, die vor allem Kiese, Kiessande und Spezialtone in Größenbeträgen von mehreren Millionen Tonnen speichern. Auch zukünftig ist geplant, durch die Anlage weiterer Großhalden und Deponien besonders wertvolle Begleitrohstoffe der Volkswirtschaft für eine spätere Nutzung zu erhalten.

Zur Begleitrohstoffsituation im Raum Bitterfeld

Das Bitterfelder Braunkohlegebiet wird etwa durch die Städtelinie Halle—Leipzig—Eilenburg—Bad Düben—Bitterfeld eingegrenzt und umfaßt eine Fläche von ca. 700 bis 800 km^2. Zur allgemeinen geologischen Ausbildung des Känozoikums:

Tertiär

Die Schichtenfolge ist vom höheren Mitteleozän bis Pliozän ausgebildet. Die erste Anlage kleiner Teilsenken erfolgte im höheren Mitteleozän durch Aktivierung rheinischer Bruchstörungen und Subrosion. Mit Beginn des Obereozäns setzte eine allgemeine Erweiterung des Sedimentationsraumes ein und führte zur Herausbildung der Anhaltischen Teilsenke mit Ablagerung der Mittleren Lochauer Schichten (Flöz Bruckdorf und Liegendsedimente). Der marine bis brackische Bruckdorfer Deckschluff/-Ton wurde im Zuge einer großräumigen Senkung (Transgression) abgelagert. Auf Grund der geringen Al_2O_3-Gehalte von 10 bis 18% hat der Bruckdorfer Ton dabei nur lokale Bedeutung als Ziegelrohstoff.

An der Wende Eozän/Oligozän wurde das gesamte Norddeutsche Senkungsgebiet von epirogenen Hebungen erfaßt, die auch in dem Betrachtungsraum zu intensiven Abtragungen führten. Erst zu Beginn des Mitteloligozäns mit Ablagerung der Unteren Zörbiger Schichten geriet das Bitterfelder Gebiet wieder in den Sedimentationsbereich, wobei im Gegensatz zum Weißelsterbecken eine geringere Senkungsintensität und damit geringere Sedimentationsraten zu verzeichnen sind. Häufig liegt das Flöz Gröbers direkt auf dem Prätertiär.

Zu Beginn des höheren Mitteloligozäns kam es durch weiträumige Senkungen und damit verbundener Transgression zur Ablagerung glaukonitischer Schluffe, im Untersuchungsgebiet mit Schichtausfällen (Obere Zörbiger Schichten).

Auch im tiefen Oberoligozän hielt die marine Sedimentation der Unteren Cottbuser Folge noch an. Erst im höheren Oberoligozän kam es infolge kräftiger Hebungen in der südlichen Umrandung zu Regressionserscheinungen und zur Ablagerung der Oberen Cottbuser Folge (Bitterfelder Glimmersande), die sich durch eine allmähliche Kornvergröberung von unten nach oben auszeichnet. Kurzzeitige Trockenlegung des Sedimentationsraumes führte zu lokalen Kohlebildungen (Flöz Breitenfeld). Durch die intensive Hebung des südlichen Schwellengebietes wurden die kaolinischen Verwitterungsprodukte in Form eines Schuttfächers (Nordwestsächsischer Schuttfächer) nach Norden transportiert, wo sie sich im mittleren Oberoligozän und tiefen Miozän mit dem zurückweichenden Glimmersandmeer verzahnten. Das Ende der Glimmersandbildung ist durch die für den gesamten Bitterfelder Raum typische SW—NE streichende Senken- und Rückenbildung (Strandbarren) gekennzeichnet, die auf die Verteilung von Bernstein und Glassand Einfluß hat.

So sind Bernsteine vorzugsweise auf den Liegendschluff des Bitterfelder Flözes beschränkt, der in den Senkenbereichen seine maximale Ausbildung erreicht. In den Rückenbereichen, die für Glassand höffig erscheinen, ist der Schluff gar nicht oder nur in geringer Mächtigkeit vorhanden.

Das Bitterfelder Flöz besteht aus den beiden Bänken BiO1 und BiU. Die bis zu 40 m mächtigen limnisch-fluviatilen Schuttfächersedimente des Decktonkomplexes sind durch zahlreiche Tagebaue aufgeschlossen und auch schon seit vielen Jahrzehnten als traditioneller Rohstoff von der Bitterfelder Steinzeugindustrie genutzt worden. Auch der die Bitterfelder Schichtenfolge im allgemeinen abschließende Dübener Flözhorizont wurde früher industriell (Alaunherstellung) genutzt.

Quartär

Die vom Frühpleistozän bis Holozän vorliegenden quartären Ablagerungen spiegeln in ihrer Ausbildung den Wechsel von Kalt- und Warmzeiten, von glazigenen, glazifluviatilen und fluviatilen Faziesbereichen wider. Den Hauptanteil der Begleitrohstoffe erbringen hier die fluviatilen und glazifluviatilen Sande und Kiese, die auch im Grubenbetrieb für den Eigenbedarf eine entscheidende Rolle spielen, wobei an erster Stelle

hinsichtlich Qualität und Menge die an der Basis eines glaziären Zyklus liegenden Flußschotterterrassen genannt werden müssen.
Die größten Reserven an Betonkiessand stellen im Betrachtungsgebiet die frühsaaleglazialen Haupterrassenschotter dar, die für die Bauindustrie des Territoriums von erstrangiger Bedeutung sind. Teilweise treten Huminverunreinigungen auf, die bei der Verwertung der Rohstoffe eine angepaßte Aufbereitung verlangen.
Die weichselglazialen und holozänen Flußschotterterrassen (Niederterrassen) enthalten ebenfalls große Mengen an Betonkiessand, wobei auch hier die qualitative Ausbildung oft durch humose Verunreinigungen sowie lehmig-tonige Bestandteile herabgesetzt wird.
Im Bereich der spätelsterglazialen Rinnenstrukturen kam es im Holstein-Interglazial auch zur Ablagerung von Kieselgur. Im Feld Delitzsch-Süd setzten sich in Resthohlformen basal ca. 1 m dunkelgraue Schluffe mit millimeterstarken Kieselgurlagen ab, die nach oben in 4 bis 5 m mächtige Kieselgurschichten übergehen. Darüber folgen dann 3 bis 5 m Sand oder kohlige Lagen.
Die wichtigsten Begleitrohstofflagerstätten, die gegenwärtig im Bitterfelder Braunkohlegebiet abgebaut und genutzt werden, sind:

Tagebau/Lagerstätte	Begleitrohstoff
Köckern	Betonkiessand
Delitzsch-Südwest	Betonkiessand, Geschiebe
Breitenfeld	Kiessand, SKS
Golpa-Nord	Ton, Geschiebe
Goitsche, Rösa	Bernstein, Kiessand, Ton
Gröbern	Torf (Kiessand)

Obwohl sich die künftige Förderentwicklung des Raumes unter zunehmend ungünstigeren geologischen Bedingungen vollzieht, werden in den Nachfolgetagebauen weitere Begleitrohstofflagerstätten für eine Gewinnung und Nutzung vorbereitet. Entsprechend den Erkundungsgraden liegen meist δ-Vorräte vor, die weitere Untersuchungen erfordern.
Als Beispiele können genannt werden:

Nachfolgetagebau	Begleitrohstoff
Delitzsch-Nordwest	Kiessand
Delitzsch-Süd	Kiessand
Brehna-Zörbig	Kiessand
(Düben)	Kiessand

Nutzungsbeispiele ausgewählter Schwerpunktobjekte

Bernstein/Tagebau Goitsche

Im Bereich des ehemaligen Tagebaues Goitsche befindet sich gegenwärtig die einzige industriell nutzbare Bernstein-Lagerstätte der DDR. Das Vorkommen, 1974 entdeckt, wird seit 1975 systematisch aufgeschlossen und abgebaut.
Die nutzbare Bernstein-Lagerstätte besteht aus bis zu drei im Durchschnitt 0,1 bis 1,5 m mächtigen schluffigen bis sandig-schluffigen Lagen und Linsen im Basalhorizont des Bitterfelder Flözes. Die Lagerstätte besitzt eine begrenzte horizontale Ausdehnung und wird in etwa durch den Tagebaugrenzverlauf fixiert. Die Schluffe sind meist von dunkel- bis schwarzbrauner Farbe, ± feinsandig und glimmerhaltig. Teilweise kann der Sandgehalt so zunehmen, daß eine Verschiebung zu schluffigen Sanden auftritt. Der Rohbernstein liegt in den Schluffen mit stark schwankender Konzentration in disperser Form vor. Das Alter der bernsteinhaltigen Ablagerungen wird auf ca. 22 Mill. Jahre geschätzt. Nach BARTHEL & HETZER (1982) ist der Bitterfelder Bernstein damit rund 12 Mill. Jahre jünger als der vergleichbare Baltische Bernstein.
Zur Genese des Bitterfelder Bernsteines liegen bereits mehrere Veröffentlichungen vor (BARTHEL & HETZER 1982, FUHRMANN & BORSDORF 1986, SORG & KREBS 1986). Dabei konnte durch Vergleiche mit anderen Bernstein-Lagerstätten ein enger Zusammenhang mit den Bildungsbedingungen des Baltischen Bernsteines nachgewiesen werden. So zeigen die von SORG & KREBS (1986) durchgeführten gaschromatographischen Untersuchungen eine relativ gute Übereinstimmung zwischen dem Bitterfelder und Baltischen Bernstein hinsichtlich der C-Isomerenverteilung.
Ebenso belegen Infrarot-Spektrogramme (FUHRMANN & BORSDORF 1986) mit fast identischen Wellenbildern diese Aussage. Die Ähnlichkeit im Stoffbestand und Chemismus resultiert aus einer engen Verwandtschaft der fossilen Harzproduzenten.
Als Harzlieferant der Bitterfelder Bernsteine ist die im Alttertiar Mitteleuropas weitverbreitete Konifere *Cupressospermum saxonicum* MAI anzusehen, während für den Baltischen Bernstein die vergleichbare Koniferenart *Cupressus sempervirens succinea* COEPP. & MENGE oder *Biota orientalis succinea* GOEPP. ermittelt wurde.
Voraussetzung für die Entstehung des Bernsteines war zunächst eine verstärkte Harzproduktion, die wahrscheinlich durch Veränderung der Umweltfaktoren Temperatur, Luftfeuchte, Boden-Salzgehalt u. a. m. ausgelöst wurde. Die unmittelbare Einbettung des Harzes unter Luftabschluß und der Zustrom salzhaltiger Wässer waren dann weitere Vorbedingungen, um den frühdiagenetischen Bildungsprozeß des Bernsteines zu ermöglichen. Nach BARTHEL & HETZER (1982) und FUHRMANN & BORSDORF (1986) kam es in Verbindung mit marinen Ingressionsphasen zu stark wechselnden Sedimentationsverhältnissen, wobei das in der Herausbildung stehende Flöz Breitenfeld zerstört und der Bernstein nach kurzem Transportweg erneut eingebettet wurde.
Die Gewinnung des Bernsteines wird im ausgekohlten Grubenbereich des Tagebaues Goitsche durchgeführt. Dabei werden die bernsteinhaltigen Schluffmassen mit Hilfe von zwei Baggern des Typs UB 162 aufgenommen und mit LKW-Kippern zur Aufbereitungsanlage, die innerhalb des Gruben-

Abb. 1. Aufnahme der gekippten bernsteinhaltigen Schluffmassen zum Transport zur Hydromischanlage

Abb. 2. Tongewinnung im Tagebau Golpa-Nord (Absatz)

betriebes steht, gefahren. Hier erfolgt durch einen Eimerkettenbagger vom Typ EB 100 T über ein Transportband die Beschickung der Hydromischeranlage (Abb. 1). Zur Erhöhung der Dichte werden die eingesetzten Wässer mit $MgCl_2$-Lauge versetzt. Im Aufbereitungsprozeß reagieren diese Wässer mit dem im Schluff vorkommenden Markasit und Glaukonit, was eine starke Erhöhung des Säuregrades zur Folge hat. Die Aufbereitungswässer reagieren deshalb aggressiv und setzen vor allem die Lebensdauer der Anlagen-Rohrleitungssysteme herab. Nach dem Aufbereitungsprozeß werden die Abwässer in Restsenken des Grubenbereiches eingeleitet, unterliegen dort einer mechanischen Reinigung und werden danach über eine Einleitungsstelle der Leine zugeführt. Zur Vermeidung der Umweltbelastung durch Grenzwertüberschreitung der Salzlast und der abfiltrierbaren Bestandteile wird seit 1989 dem Abwasser Kalkemulsion zugesetzt und eine Kreislauffahrweise zwischen der Anlage und den Abwasser-Restsenken durchgeführt.

Der von der Schluffmasse getrennte Rohbernstein wird abgesiebt und in vier Korngrößensorten in den Grenzen 3,15 mm bis > 45 mm ausgehalten.

Die großstückigen Bernsteine finden in der Schmuckindustrie Verwendung, während die feinkörnigen Anteile zur Herstellung von Bernsteinlack eingesetzt werden.

Der Bitterfelder Rohbernstein besitzt eine hohe Qualität und zeichnet sich durch gute Verarbeitungseigenschaften aus. Er ist meist bräunlichgelb, besitzt großmuscheligen Bruch und eine klare bis trübe Durchsichtigkeit. Von Interesse sind auch die im Bernstein enthaltenen tierischen und pflanzlichen Einschlüsse, die u. a. von BARTHEL & HETZER (1982) in ihrer Vielfalt dokumentiert wurden.

Die weitere Nutzung der Bernstein-Lagerstätte wird auf der Grundlage einer langfristigen Abbaukonzeption durchgeführt. Dabei ist vorgesehen, daß neben dem Aufschluß zusätzlicher bernsteinführender Schluffmassen eine leistungsstärkere Aufbereitungsanlage zum Einsatz kommt.

Ton/Tagebau Golpa-Nord

Gegenstand der Tongewinnung im Bitterfelder Raum sind die fluviatil-limnischen Verwitterungsprodukte des sogenannten Nordwestsächsischen Schuttfächers, der sich im Miozän am S-Rand des Norddeutschen Senkungsfeldes herausbildete, während im Gebiet nördlich davon durchgehend marine bis ästuarine Verhältnisse vorherrschen. Die Schuttfächersedimente enthalten nach AHRENS, LOTSCH & TZSCHOPPE (1968) eine stabile Schwermineralassoziation und zahlreiche pflanzliche Makrofossilien, die eine klimastratigraphische Zonengliederung ermöglichen.

Die Gesteinsfolge zeichnet sich durch eine Wechsellagerung tonig-schluffiger und sandiger Bildungen mit lokalen Braunkohleflözen aus. Sie ist im Bitterfelder Gebiet weit verbreitet, jedoch durch pleistozäne Einflüsse unterschiedlich stark erodiert.

Stofflich sind die Tone durch hohe Kaolinitgehalte sowie durch fehlende Karbonat- und Chloritgehalte gekennzeichnet. Der Feinstkornanteil $< 2\ \mu m$ liegt bei 60%. Damit ist ein Einsatz als Rohstoff in der Bau- und Grobkeramik sowie in der Steinzeugindustrie möglich.

Die Tongewinnung im Tagebau Golpa-Nord erfolgt im Tiefschnitt mit einem Eimerkettenbagger vom Typ ERs 400, wobei der Ton im Liegenden der Oberbank abgebaut wird (Abb. 2).

Im Direktabsatz mit Reichsbahnwagen werden dem Ziegelwerk Halle ca. 30 kt/a Ton zugeführt. Der größte Tonanteil wird aber im Bereich des Tagebau-Kippengeländes aufgehaldet.

Seit 1980 wurden ca. 7 Mill. t Ton auf Halde gefahren. Es ist vorgesehen, bis 1990 die Gesamtkapazität der Halde auf ca. 8,5 Mill. t zu erhöhen.

Abb. 3. Kiesgewinnung mit dem SRs 6300 mit Bandanlagenbetrieb

Die Aufhaldung wird mit Hilfe eines Absetzers As 710 in Hochschüttung durchgeführt. Die Kipphöhe beträgt 10 m, im Endbetrieb wird auf 7 m zurückgegangen. Der Transport zur Halde erfolgt mit werkseigenem Wagenraum.

Kies/Tagebaue Köckern und Breitenfeld

Die Kieslagerstätte des Tagebaues Köckern wird aus frühsaaleglazialen Terrassenschottern gebildet und besitzt eine wichtige Versorgungsfunktion für die Bauindustrie des Territoriums. Seit Aufschluß des Tagebaues Köckern (1983) wurden die anfallenden großen Kiesmengen sowohl der Abnehmerindustrie direkt zugeführt (ca. 1,0 Mill. t/a) als auch durch den Absetzer As 1600 im Verkippungsraum aufgehaldet (Haldenvolumen: 4,4 Mill. t).
Die als Hochschüttung im Restloch „Erich" entstandene Sekundärlagerstätte dient ausschließlich als Ersatzleistung zur Sicherung der Produktionsgrundlage der PGH „Bauhütte Wolfen".
Bis zum Auslaufen der Lagerstätte im Jahre 1992 ist eine weitere Direktbelieferung des Kieswerkes Bitterfeld I (0,5 Mill. t/a) bzw. Bitterfeld II (1,3 Mill. t/a) eingeordnet. Das Kieswerk Bitterfeld II befindet sich seit 1988 im Aufbau und wird ab 1990 den Betrieb aufnehmen. Die Kiesmengen, wovon über 1,3 Mill. t beim Abbau anfallen und nicht durch die Bauindustrie unmittelbar abgenommen und genutzt werden können, werden auf der Basis von Koordinierungsverträgen mit der Nutzerindustrie, als künftigem Rechtsträger, im Verkippungsraum zu einer Halde mit einem Volumen von ca. 9,0 Mill. t aufgeschüttet.
Im Tagebau Köckern erfolgt die Kiesgewinnung im Regelbetrieb mit einem ERs 1120/1700 im 2. Abraumschnitt über dem Kohleflöz. Die mittlere Mächtigkeit des Kieshorizontes beträgt 11,0 m (1989) bei einer Schwankungsbreite von 6,8 bis 13,0 m. Während der selektiven Gewinnung des Kieses werden zur Gewährleistung der Qualität ca. 1,0 m über dem Kohleflöz ausgehalten, die dann zusätzlich im Grubenbetrieb gewonnen werden müssen.
Der Kies wird in gesonderten Abraumzügen entweder direkt zum Kieswerk und weiteren Abnehmern transportiert oder auf der vom Absetzer 1027 angelegten Tiefschüttung der separaten Halde zugeführt, die mittels „Pflugkippentechnologie" in einer Höhe von ca. 6,0 m als Leistungskippe während der Kiesgewinnung gestaltet wird.
Zur weiteren Versorgung des Kieswerkes Bitterfeld II für den Zeitraum nach Auslauf des Tagebaues Köckern ist bis zum Jahre 2005 die Zufuhr von Kiessanden aus dem Tagebau Breitenfeld und nach 2005 die Nutzung der Haldenbestände sowie die Zufuhr aus den Nachfolgetagebauen Delitzsch-Süd und Delitzsch-Nordwest vorgesehen.
Von den Begleitrohstoffen der Braunkohle-Lagerstätte Breitenfeld hat sich ebenfalls die frühsaaleglaziale Flußschotterterrasse der Elster/Mulde als lagerstättenwürdig erwiesen, die mit einer durchschnittlichen Mächtigkeit von 10,0 m fast im gesamten Feld ausgebildet ist. Im Tagebau, wo dieser Kieshorizont gut aufgeschlossen ist, hebt er sich auf Grund des hohen Kiesanteiles und der helleren Farbe deutlich von den z. T. direkt unterlagernden frühelsterglazialen Saaleschottern ab. Ebenfalls zu beobachten sind sandig-schluffige Altwasserbildungen, die in unterschiedlichem Niveau auftreten können.
Im Gegensatz zum Liegenden wird das Hangende des Schotterkörpers praktisch ohne Ausnahme von einem durchgehenden Horizont, der 1. Saalemoräne, gebildet. Die Eignungsprüfung als Betonzuschlagstoff und die Verwertbarkeit wurde durch eine Vielzahl von Proben aus rund 140 Aufschlußpunkten mit Bestimmung der abschlämmbaren Bestandteile, der Korngrößenzusammensetzung, der Schwefelverbindungen und löslichen Chloride sowie der petrographischen Zusammensetzung belegt. Problematisch ist der Grad der Humin-Verunreinigungen, der in einzelnen Proben zwischen 8 und 28% schwankt. Die Verunreinigungen werden in der Mehrzahl durch schluffig-feinsandige Einlagerungen verursacht, während der Kies selbst frei von Humin-Anteilen ist.

Abb. 4. Kies Breitenfeld; Zwischendeponie und Verladung zum Landabsatz

Die Gewinnung und Nutzung des Kieses aus dem Tagebau Breitenfeld ist auf Grund der eingesetzten Großgeräte SRs 6300 und SRs 4000 kompliziert und gestattet keine kontinuierliche Kiesbereitstellung (Abb. 3).
Gegenwärtig wird Kies aus dem Tagebau mit einer Jahresmenge von 100 bis 150 kt bis 1991 zur Verfügung gestellt. Die Abfrachtung erfolgt über Landabsatz durch den Kies- und Natursteinbetrieb Beucha (Abb. 4).

Geschiebeverwertung

Als Beispiel für die Nutzung kleinerer Begleitrohstoffmengen kann die Einbeziehung der sogenannten Nordischen Geschiebe (Findlinge) in den Verwertungsprozeß genannt werden. Die

Abb. 5. Zwischenlagerung der Findlinge aus Deckgebirgsschichten im Tagebau Delitzsch-Südwest

Abb. 6. Trennung eines Geschiebes mittels Seilzugsäge

in Moränen des Pleistozäns vorkommenden Geschiebe fallen während der Abraumbaggerung diskontinuierlich und in unterschiedlicher Form, Größe und Ausbildung an. In der Vergangenheit wurden die Findlinge meist als „Störfaktoren" für den Gewinnungsbetrieb angesehen und deshalb ausgehalten. Durch das Braunkohlenkombinat Bitterfeld wurden in den vergangenen Jahren zur Nutzung der Geschiebe verschiedene Aktivitäten entwickelt, um eine volkswirtschaftliche Verwertung einschließlich Export durchzusetzen. Seit 1985 erfolgt die Gewinnung, Bergung, der Transport und die Zwischenlagerung der Findlinge in verschiedenen Tagebauen des Kombinates. Im Bitterfelder Raum sind vor allem Delitzsch-Südwest und Golpa-Nord zu nennen (Abb. 5).

Bei den Findlingen handelt es sich überwiegend um die Gesteinsarten Granit, Gneis, Granitgneis, Gabbro, Syenit, Diorit und Porphyr. Bisher wurden jährlich 500 und 800 t einer Verwertung zugeführt.

Zur Nutzung und Verwertung der Geschiebe im Bitterfelder Raum wurden durch BILKENROTH, DENEF & DOLL (1988) folgende Aussagen getroffen:

„In Zusammenarbeit mit dem VE Kies- und Natursteinbetrieb Beucha zeigten erste Untersuchungen und Versuche, daß die in den Tagebauen vorkommenden Findlinge sich in Güte und Qualität sehr gut für eine weitere Verarbeitung zu „Schmucksteinen" in Form von Tischplatten, Fußbodenbelag, Wandverkleidungen, Denkmalgestaltung, Sohlbänken, Blumenbänken, Riemchen und Mosaik sowie zur Nutzung für Landschaftsgestaltung veredeln und verwenden lassen.

Vertragliche Regelungen für das Jahr 1986 erfolgten mit zwei weiteren Abnehmerbetrieben, dem Elbenatursteinbetrieb Löbejün und dem Baustoffwerk in Wernigerode.

Es wurde eine technologische Linie zur Gesteinsveredlung erarbeitet, die, beginnend mit dem Aufbänken von Findlingen über das Sägen, Schleifen und Polieren der gesägten Platten, Schneiden bzw. Trennen des polierten Materials, Bearbeiten der Schneidflächen bis zu Lagerung, Verpackung und dem Versand des bearbeiteten Gesteins vorgesehen ist. Die Anlage befindet sich im Tagebau Delitzsch-Südwest im Aufbau."

Ausblick und Probleme

Die angeführten Beispiele zur Nutzung von Begleitrohstoffen aus Braunkohle-Lagerstätten zeigen die vielfältigen Möglichkeiten bei der Einbeziehung dieser Rohstoffe in den Gewinnungsprozeß. Gleichzeitig ist aber die Gewinnung der Begleitrohstoffe durch den Braunkohlebergbau mit einer Reihe von Problemen verbunden.

Die steigende Konzentration der Produktion, insbesondere der Abraumbewegung, reduziert bei Einsatz von Förderbrücken oder Direktversturzgeräten eine Gewinnung von Begleitrohstoffen im Tagebaubetrieb erheblich bzw. gestattet nur die Gewinnung von Mischqualitäten bei Einsatz anderer Großgeräte. Weiterhin stimmen die Aufkommensstandorte der Begleitrohstoffe in den wenigsten Fällen mit den Verbraucherorten überein. Die Absicherung der Begleitrohstoff-Transporte neben den Braunkohletransporten erfordert langfristig einen hohen zusätzlichen Investitionsaufwand und kann deshalb nur im Rahmen der volkswirtschaftlichen Möglichkeiten gelöst werden. In zunehmendem Maße wird deshalb darauf orientiert, Begleitrohstoffe unter folgenden Prämissen zu nutzen:

1. Erhöhung der Gewinnung der Begleitrohstoffe im Vorfeld der Tagebaubetriebe.
Die Vorteile dieser Gewinnungsart liegen besonders im unabhängigen und störungsfreien Förderbetrieb gegenüber dem Braunkohle-Grubenbetrieb. Außerdem können die Abnahmekonditionen der Nutzerindustrie in wesentlich besser angepaßter Form eingehalten werden.
2. Erarbeitung langfristiger territorialbezogener Bedarfsanalysen, auf deren Grundlage durch die Braunkohleindustrie die Begleitrohstoffe planmäßig eingeordnet, gewonnen und ggf. aufgehaldet werden können.

Zur weiteren Steigerung der Begleitrohstoffnutzung sind diese grundsätzlichen Feststellungen am konkreten Beispiel durch weitere Maßnahmen zu untersetzen. Im einzelnen stehen die Forderungen:

1. Die Erkundung des Hauptrohstoffes Kohle ist mit der Erkundung des Begleitrohstoffes so abzustimmen, daß für die Nutzung des Begleitrohstoffes eine optimale Lösung bei der Erarbeitung und Festlegung der Gewinnungs-, Transport- und Verarbeitungstechnologie gefunden werden kann.
2. Mit der Deutschen Reichsbahn ist eine Optimierung bei der Gestaltung des Abtransportes und Absatzes von Begleitrohstoffen mit Ganz- und Verteilerzügen anzustreben.
3. Die Abnehmerindustrie muß wesentlich zur Erhöhung der Entlade- und Lagerkapazität u. a. durch Anlage von Kleinst- und Betriebshalden beitragen.
4. Weiterhin muß die Abnehmerindustrie flexibler auf geologisch und gewinnungsseitig bedingte Verschlechterungen der Rohstoffqualitäten reagieren. Angepaßte Aufbereitungsverfahren sind langfristig einzubeziehen oder zu entwickeln.
5. In stärkerem Maße muß die Ökonomie und Preisgestaltung als Hebel bei der Begleitrohstoffnutzung eingesetzt werden.
6. Die bei der Gewinnung, dem Transport, der Lagerung und Verarbeitung von Begleitrohstoffen auftretenden möglichen Umweltbelastungen sind bereits bei der Planung mit zu berücksichtigen und entsprechende Entscheidungen abzuleiten.

Zusammenfassung

Das Känozoikum des Raumes Halle—Leipzig—Bitterfeld enthält eine Reihe von Sedimentlagerstätten, die in Verbindung mit der Braunkohleförderung als sogenannte Begleitrohstoffe gewonnen und der Nutzerindustrie zur Verfügung gestellt werden. Es sind vor allem tertiäre Tone, fluviatile und glazifluviatile Kiese, aber auch Nordische Geschiebe, Sande und bernsteinführende Schluffe, die einer Gewinnung unterzogen werden. Die vorliegende Veröffentlichung umfaßt neben allgemeinen Informationen zur Nutzung der Begleitrohstoffe eine kurze Erläuterung der wichtigsten Rohstoff-Horizonte und stellt Nutzungsbeispiele ausgewählter Tagebauobjekte vor:
Tagebau Goitsche (Bernstein), Tagebau Golpa-Nord (Tone), Tagebaue Köckern und Breitenfeld (Kies) und Tagebau Delitzsch-Südwest (Nordische Geschiebe). Angaben zur Förderung und Aufhaldung verdeutlichen die große wirtschaftliche Bedeutung der Begleitrohstoffgewinnung.

Резюме

Кайнозой в районе Галле, Лейпцига и Биттерфельда содержит целый ряд осадочных месторождений, которые в связи с проведением добычи бурого угля также разрабатываются и передаются в распоряжение соответствующим отраслям промышленности. К этим видам сырья относятся в первую очередь третичные глины, речные и гляциально-речные лёссы, а также скандинавские валунники, пески и янтароносные алевриты. Предлагаемая работа наряду с общей информацией по использованию сопутствующего сырья содержит краткое описание важнейших горизонтов полезных ископаемых и дает примеры их использования в отдельных карьерах: Гойче (янтарь), Гольпа-Север (глины), Кёкерн и Брайтенфельд (щебень), Делич-Юго-Запад (скандинавский валунник). Данные об объемах добычи и отвалах подтверждают большое промышленное значение добычи сопутствующего сырья.

Summary

Cenozoic deposits in the region of Halle—Leipzig—Bitterfeld contain a lot of so-called accompanying raw materials, which are mined in connection with lignite mining. Most of all, these are Tertiary clay, fluviatile and glaciofluviatile gravel as well as Northern pebbles, sand and amber-bearing silt. Besides common information to the use of accompanying raw materials a short explanation to the most important raw-material horizons and examples for the use in some open-casts are given: Goitsche (amber), Golpa-Nord (clay), Köckern and Breitenfeld (gravel) and Delitzsch-SW (Northern pebbles). Data of mining and binging make plain the economical significance of the mining of accompanying raw material.

Literatur

AHRENS, H.; LOTSCH, D.; TZSCHOPPE, E.: Gesetzmäßigkeiten der Braunkohlenbildung in der „jüngeren Braunkohlenformation" der DDR. — XXIII. Int. Geol. Congr., Vol. 11, Praha 1968, S. 9—21

BARTHEL, M.; HETZER, H.: Bernstein-Inklusen aus dem Miozän des Bitterfelder Raumes. — Z. angew. Geol., Berlin 28 (1982) 7, S. 314—336

BILKENROTH, K.-D.; DENEF, K.; DOLL, G.: Gegenwärtige Probleme des Abbaues von Begleitrohstoffen im VE BKK Bitterfeld — Vortrag, 29. Berg- und Hüttenmännischer Tag, Freiberg 1988

FUHRMANN, R.; BORSDORF, R.: Die Bernsteinarten des Untermiozäns von Bitterfeld. — Z. angew. Geol., Berlin, 32 (1986) 12, S. 309—316

SORG, M.; KREBS, B.: Zur Anwendung der Pyrolyse-Gaschromatographie auf vergleichend chemischen Untersuchungen fossiler Harze. — Z. angew. Geol., Berlin 32 (1986) 3, S. 76—77

Gesetzmäßigkeiten der vertikalen und horizontalen Verbreitung periglazialer Steinanreicherungen in den mittleren Glazialgebieten der DDR

ROLAND WEISSE, Potsdam

Problem- und Aufgabenstellung

Periglaziale Steinanreicherungen beeinträchtigen Pflege- und Erntearbeiten des Acker- und Obstbaues; hoher Verschleiß der Agrotechnik einerseits sowie Schäden an den Kulturen (z. B. an Kartoffeln) und Ertragseinbußen andererseits sind die Folge. Aus diesem Grunde besteht nicht nur ein wissenschaftliches, sondern auch ein praktisches Interesse an Gesetzmäßigkeiten der horizontalen und vertikalen Verbreitung periglazialer Steinanreicherungen. Dabei geht es nicht nur um die Steinigkeit der Ackerkrume; Be- und Entwässerungsarbeiten setzen ebenfalls exakte Kenntnisse der Steinanhäufungen in allen Bodenhorizonten voraus, damit durch geeignete Technologien das massenweise Zutagefördern von Steinen verhindert bzw. Bedarfsflächen effektiv und rationell maschinell entsteint werden können, denn Entsteinungsarbeiten sollten stets selektiv vorgenommen werden. Die Gründe sind ökologischer Natur (Erhaltung der natürlichen Lagerungsverhältnisse, z. B. Lehmbänder in Sandschichten, die ein günstiges Bodenwasserregime ermöglichen) und/oder ergeben sich aus ökonomischen Überlegungen und Notwendigkeiten.

Die Richtlinie für die mittelmaßstäbige landwirtschaftliche Standortkartierung sah keine speziellen Erhebungen für die Erfassung der Steinigkeit vor. Auf der Basis geologischer Verhältnisse wurde sie für Ober- und Unterboden abgeschätzt. LIEBEROTH & CHRONEWITZ (1986) schlugen eine Schnellmethode zur Erfassung der Steinigkeit im Gelände vor, jedoch beschränkten sie sich auf die an der Erdoberfläche sichtbaren Steine. Im Gegensatz dazu geht die Arbeitsweise des Autors von einer komplexen Aufnahme der Bildungsbedingungen und -faktoren periglazialer Steinanreicherungen im gesamten Bodenprofil aus. Dieses Vorgehen erlaubt eine multivalente Anwendung der Ergebnisse in der Landwirtschaft und im Meliorationswesen sowie bei der Vorhersage von Steinmengen, die durch Pflege- und Erntearbeiten aus tieferen Bodenhorizonten in den Krumenhorizont gelangen können. Eine Beschränkung der Untersuchungsmethoden auf den humosen Oberboden führt nicht oder nur begrenzt zu Gesetzmäßigkeiten der Steinverbreitung ackerbaulich genutzer Glazialstandorte.

Eingang des Manuskripts in der Redaktion: 10. 4. 1989

Untersuchungsmethoden

Der theoretische Ansatz bestand darin, das periglaziale Steinphänomen komplex zu untersuchen; aus diesem Grunde wurden Methoden zur Erfassung der Glazialgenese, periglazialer Prozesse und künstlicher Eingriffe eingesetzt. Zeichnerisch (Kartenskizzen, Profile), numerisch und verbal wurden erfaßt: der glaziale Baustil, das Relief (Gestalt, Neigungswinkel, Position, Exposition), Abzugs-, Durchzugs- oder Zuzugslage bzw. autonome Lage des Auswerteareals in bezug auf den lateralen periglazialen Stofftransport; von den Merkmalen der Steine standen folgende im Mittelpunkt: Anordnungsmuster, Tiefenlage, Einbettungssubstrat, Gesteinsform (kantenbestoßen — inlandeisgeprägt; abgerollt — Wassertransport; kantig-flächig — Windkanter/windgeprägt; unregelmäßig scharfkantig — frostzerstörtes Gestein), Gesteinsfamilie bzw. -gruppe, Gesteinslage (Orientierung der Längsachse: horizontal, senkrecht), Gesteinslänge (in Klassen). Diese Steinmerkmale wurden sowohl an vertikalen Anschnitten von Aufschlüssen, Aufgrabungen/Schürfen und Trassen als auch von oben durch Abtragen der Einbettungssedimente bestimmt. Der Anteil des Steinvolumens am feinerdigen Solum wurde schicht- und/oder bodenhorizontweise ermittelt und als Steinigkeit (in Prozenten) bezeichnet. Die Volumen- und/oder Gewichtsbestimmung erfolgte durch Ausmessen der drei Achsen, durch die Methode der Wasserverdrängung und/oder durch Abwiegen der im definierten Bodenraum angetroffenen Steine (1/4 bis 1/2 m^2 Grundfläche, die Höhe ergab sich aus der Mächtigkeit der jeweiligen Schicht bzw. des betreffenden Horizontes). Der Bedeckungsgrad der oberflächlichen Steinstreu bzw. -decke wurde über die Steinauslegung in der Fläche oder aus der Summe aller Steinflächen rechnerisch ermittelt.

Um den Zeitaufwand im Gelände so gering wie möglich zu halten, sind die Auswertestellen reliefbezogen anzulegen. Wichtige Grundgestalten von Grundmoränen sind Ebene, Schmal- und Breitrücken, z. T. Kanten, Hänge (im Längsprofil als Gerad- bzw. Streckhang, Konkav-, Konvex- und Stufenhang), geschlossene Kleinsenken sowie Trockentälchen

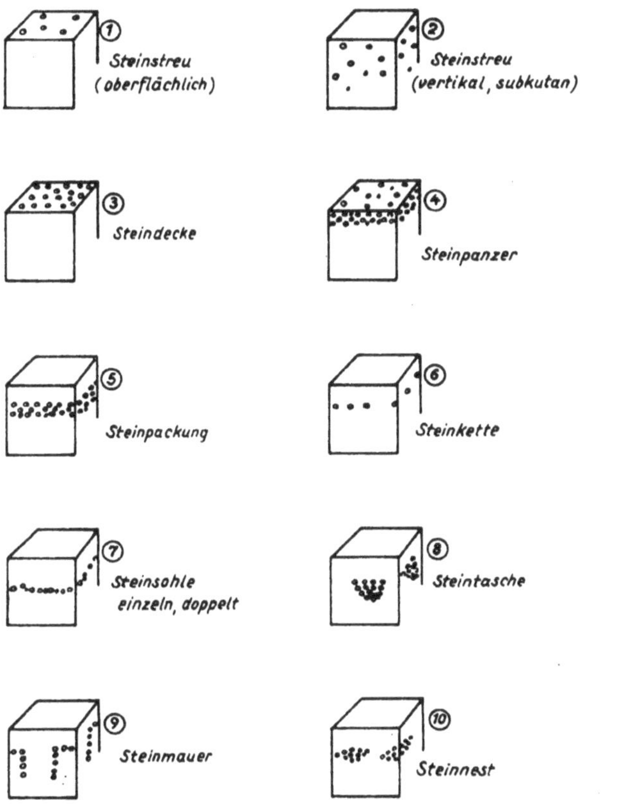

Abb. 1. Die wichtigsten Anordnungsmuster periglazialer Steinanreicherungen

und Dellen. Die heuristische Funktion dieser Meso-Relieftypen besteht darin, daß man punktförmig erzielte Steinigkeitsverhältnisse auf Flächen ausdehnen kann, vorausgesetzt, daß diese dem gleichen Oberflächenformentyp angehören (und durch Substrate keine Modifikationen verursacht werden).

Ausgewählte Ergebnisse zur Anordnung sowie zur vertikalen und horizontalen Verteilung periglazialer Steinanreicherungen

Die periglazialen Steinanreicherungen treten in 10 charakteristischen Gestalttypen (Anordnungstypen bzw. -mustern) auf; davon besitzen 6 bis 7 eine größere flächenhafte Verbreitung. Einige sind in ihrer Ausbildung vom Menschen mit geprägt worden. Den Anordnungstypen kommt Leitfunktion zu, da sie Auskunft über Entstehungsweisen und Steinmengen geben; ferner sind sie vielfach an bestimmte Relieftypen gebunden (Abb. 1).

- Die *oberflächliche Steinstreu* befindet sich in der Regel auf dem Krumenhorizont; wo rezente Abtragung wirkte, kann sie bei gekappten Böden auch auf tieferen Horizonten auftreten. Sie besteht aus isoliert gelegenen Steinen; der Bedeckungsgrad liegt meist unter 5%. Genetisch geht die oberflächliche Steinstreu außer auf periglaziale Prozesse auf Bodenerosion und anthropogene Aktivitäten (Tiefpflügen, hydromeliorative Maßnahmen usw.) zurück (Abb. 2). Das trifft teilweise auch für die Steindecken zu.
- *Steindecken* repräsentieren ein häufigeres Auftreten der Steine an der Erdoberfläche. Der Bedeckungsgrad kann 5 bis 15% betragen.
- *Steinpanzer* sind dicht gelagerte Steinanhäufungen an der Erdoberfläche; gegenüber den Steindecken stellen sie eine quantitative Steinzunahme dar. Sie treten selten und meist kleinflächig auf, in der Regel auf Kuppen sog. „Härtlinge" von kiesig-geröllreichen Satzendmoränen- und Kameserhebungen, vereinzelt auch in Grundmoränenrücken mit basalem Geschiebemergel. Deren Oberflächenlage ist weitgehend natürlich bedingt.
- Die weit verbreitete *vertikale Steinstreu* erstreckt sich von der Sohle des Krumenhorizontes bis in den Zwischenhorizont hinein. Die isoliert gelegenen Steine „schwimmen" im Bodensubstrat von ebenen und schwach geneigten Arealen. In Hangfußbereichen sowie auf Dellen- und Kleinsenkensohlen kann das Feinerdeprofil mit den eingebetteten Steinen 1 bis 2 m betragen. Tritt die vertikale Steinstreu im Krumenhorizont auf, geht sie in der Regel auf anthropogene Einflüsse zurück.
- Unter einer *Steinpackung* werden mächtige Steinanhäufungen verstanden, die von Feinerde überlagert sind. In der Regel liegen sie zwischen Ackerkrume und Unterboden in einem Zwischenhorizont. Sie stellen durch periglaziale Dränage entstandene Anreicherungen auf Erosionsdiskordanzen von Grobschuttsedimenten an Hängen dar. Andere befinden sich in oberen Bereichen größerer Trockental- und Dellensohlen von Grundmoränen — solifluidal sowie erosiv-akkumulativ entstanden.
- *Steinketten* werden von isoliert gelegenen, tiefenbeständigen Steinen gebildet. Ebenso wie die Steinsohlen sind sie typische Anordnungsmuster periglazialer Steine von Hängen und Vollformenelementen, bedingt durch laterale Stofftransporte.
- Die in wissenschaftlichen Arbeiten wiederholt dargestellten *Steinsohlen* werden vom Autor als relativ dicht gepackte perlschnurartige Steinanreicherungen mit einer Mächtigkeit von ca. 5 bis 15 cm definiert. Horizont- bzw. Tiefenbeständigkeit sind typisch, wenngleich sie im vertikalen Anschnitt neben Gestrecktheit auch wellenförmigen Verlauf aufweisen können. Relativ hohe Windkanteranteile deuten auf eine zeitlich längere Lage an der Erdoberfläche hin. Die Vorkommen verloren durch Abwehung und/oder Abspülung ihre Einbettungssubstrate. Dabei entstanden am Stein die Windschliffmerkmale Kante und polierte Fläche. Später aufgelagerte Schichten darf man nach Ansicht des Vf. wegen der Korngrößenzusammensetzung nicht nur auf äolische Vorgänge zurückführen. Generell ist zu beachten, daß Windkanter nicht auf Steinsohlen beschränkt sind.
- *Steintaschen* sind sackartige Anreicherungen, deren Tiefenerstreckung größer als ihre Horizontalausdehnung ist. Sie sind vielfach im Grenzbereich verschiedener Körnungsgemische ausgebildet. Steintaschen und -nester sind in der Regel kleinräumige Modifikationen anderer Steinanreicherungskomplexe.
- Als *Steinnester* werden isolierte, kleinräumige, nach der Form z. T. unregelmäßige Steinanreicherungen angesehen, die eine größere Horizontal- als Vertikalerstreckung aufweisen. In Schulterbereichen ehemaliger Eis- und Bodenkeile, zwischen solifluidalen Lehmbändern und in einstigen periglazialen erosiven Kleinsthohlformen wurden Steinnester angetroffen.
- *Steinwände* stellen säulen- bzw. wandartige Anreicherungen dar, die an ihrem unteren Ende selten durch horizontale Steinlagen verbunden sind. Ihre Bildung erfolgte in Bodenkeilen und/oder an den Flanken von sog. geschlossenen Systemen (Feinerde-Stein-Herauspressungen).

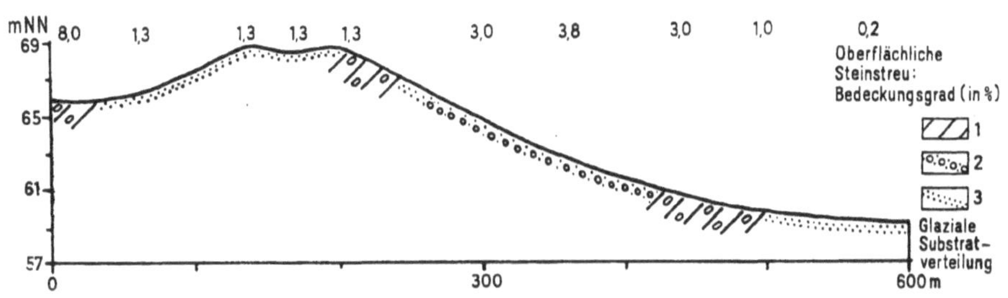

Abb. 2. Anthropogen entstandene Steinanreicherung auf dem Krumenhorizont einer Grundmoräne (1986, 1989)
1 – basaler Geschiebelehm, 2 – Kies, 3 – Sande

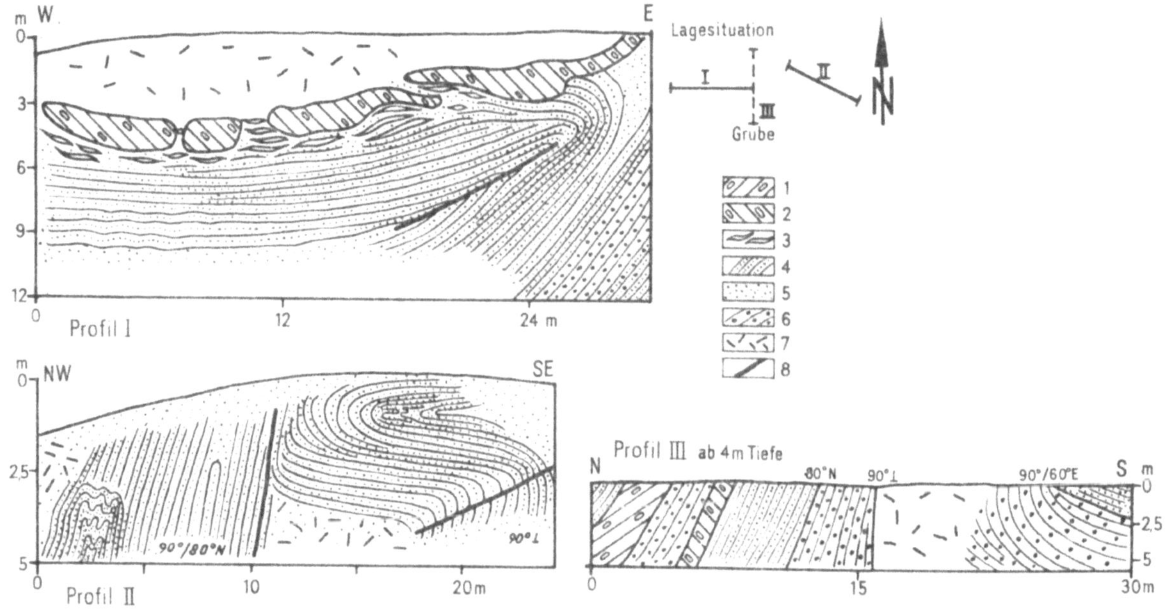

Abb. 3. Glazialer Baustil einer Untersuchungsfläche
Aufschlußaufnahme: Oktober 1986
1 – brauner Geschiebemergel, 2 – rötlicher Geschiebemergel, 3 – Lehmstreifen, 4 – Sande geschichtet, 5 – Sande, 6 – Kiese, 7 – Abraum, 8 – Störungen

Einfluß des glazialen Baustils und Ausgangsgesteins

Eine entscheidende Rolle für die Ausprägung der Steinanreicherungen spielte neben den periglazialen Prozessen das Ausgangsgestein, das in einem bestimmten glazialgeologischen und -morphologischen Baustil integriert ist. Aufschluß-, Schurf- und Trassenaufnahmen sind erforderlich, um Baustil und Substratverteilung in ihrer spezifischen regionalen Ausprägung erfassen zu können. Nachfolgend werden daher einige allgemeine Orientierungen zur primären Steinführung glazialer Substrate mitgeteilt; daran schließt sich ein Aufnahmebeispiel an, das die praktische Anwendung verdeutlichen soll.

Hohe Steingehalte von Ausgangssubstraten

Kiesige bis blockreiche Satzendmoränen, Sanderwurzel, glazifluviale Kiese (z. B. Kames), glazifluvial-erosiv überprägte Grundmoränenareale, saaleeiszeitliche kiesige Abflußbahnen (z. B. der Altmark), Grundmoränen mit saaleeiszeitlichem Geschiebemergel (z. B. S III in der Altmark, der Lausitz), z. T. auch in manchen Aufragungen inmitten jungeiszeitlicher Grundmoränenbereiche (z. B. westlich Potsdam, östliches Brandenburg), Solifluktionsschutt auf Sohlen oberer Trockentalbereiche.

Mittlere Steingehalte von Ausgangssubstraten

Grundmoränen mit weichseleiszeitlichem basalen Geschiebemergel (vielfach im Bezirk Potsdam nördlich der Havel), Sanderflächen und -kegel, Sand-Durchragungszüge in Grundmoränen, z. T. wasserabgelagerte „Geschiebemergel", bei denen der Steinbesatz und die Steingröße gering sind.

Geringe bis fehlende Steingehalte von Ausgangssubstraten

Glazilimnische Bildungen (Kames-Ebenen in Grundmoränen), weichseleiszeitliche Talsandterrassen/Urstromtäler, Sedimente periglazialer Schwemmkegel und auslaufender Trockentälchen sowie Dellen, periglaziale Hangfußsedimente und Sedimente rezenter Bodenerosion.

Die Abb. 3 bis 5 verdeutlichen die profil- und flächenmäßige Aufnahme des glazialen Baustils, seiner Substrate und Lagerungsweisen, sowie des Mesoreliefs eines Grundmoränenausschnittes. Die relativen Höhenunterschiede erreichen maximal 8 m; zwischen benachbarten Formenelementen betragen sie 2 bis 5 m. Im Nordosten und Südwesten werden absolute Höhen von 69 m NN festgestellt.

Ein unmittelbar an der Aufnahmefläche angrenzender Aufschluß zeigt Vorschüttbildungen und basalen Geschiebemergel, intensiv glazial gestaucht (Abb. 3); ihre Strukturen streichen W–E. Es handelt sich um gelbbraune sandige

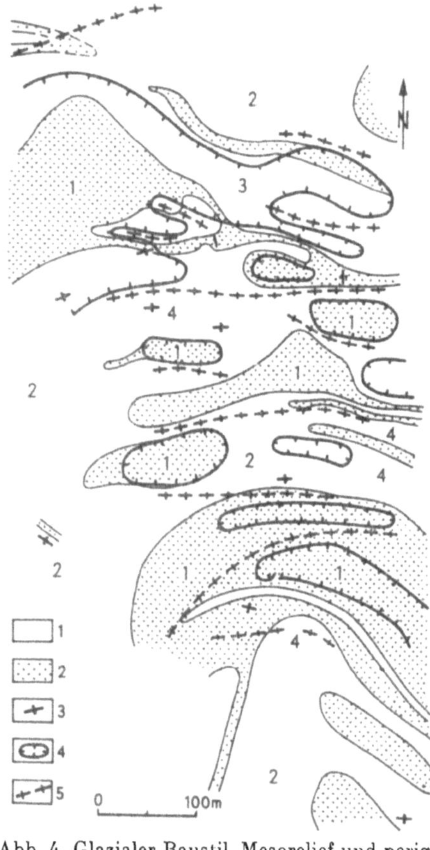

Abb. 4. Glazialer Baustil, Mesorelief und periglaziale Steinanreicherungen. Aufnahme: Oktober 1986 und Februar 1989
Zahlen in der Zeichnung: 1 – keine bis geringe, 2 – mäßige, 3 – starke, 4 – sehr starke Steinführung;
Legende 1: – Geschiebemergel, -lehm; 2 – Sande, Kiese; 3 – Strukturen, 4 – Senken; 5 – Flachrücken

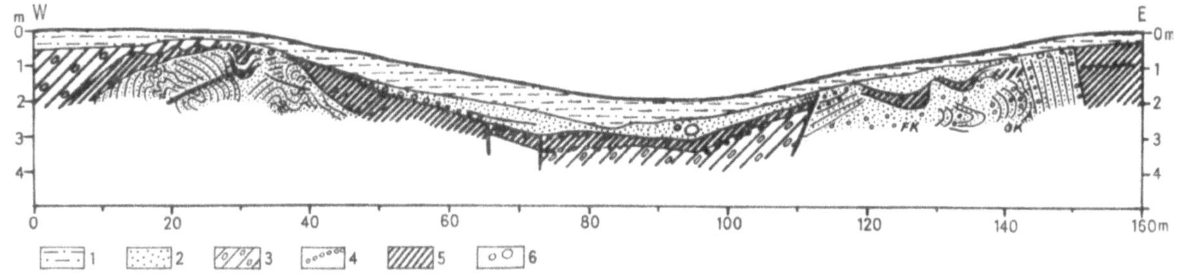

Abb. 5. Substrat- und Lagerungsprofil einer geschlossenen Kleinsenke der Untersuchungsfläche
Aufnahme: Juni 1985
1 – humoser Sand, z. T. lehmig; 2 – Sand; 3 – brauner Geschiebelehm; 4 – Kies (FK – Feinkies, GK – Grobkies); 5 – rötlicher Geschiebelehm; 6 – Blöcke

(weichseleiszeitliche) und rötliche tonige basale Geschiebemergel (bis -lehme), offenbar saaleeiszeitlichen Alters. Letztere sind relativ steinführend (vielfach faust- bis kopfgroß). Lesesteinansammlungen auf einem ehemaligen Feldweg (im Norden) mit großen beräumten Findlingen (östlicher Wirtschaftsweg) belegen, daß bereits beachtliche Steinmengen abgesammelt wurden.
Auffallend ist das übereinstimmende Streichen der glaziodynamisch entstandenen Lagerungsstörungen und der Mesoreliefformen (W–E bis WNW–ESE), vgl. Abb. 4.
Die geschlossenen Kleinsenken liegen gänzlich in sandigem bis kiesigem Material; manche werden auch von basalem Geschiebemergel unterlagert, der jedoch vertikal versetzt ist (Abb. 5). Daher sind sie in der Regel bodentrocken oder nur kurzfristig schwach vernäßt. Über dem basalen Geschiebemergel können Solifluktionsbänder auftreten. Flachmulden weisen über Geschiebemergel Sande auf. Die 100 bis 150 m breiten Flachrücken sind weitgehend aus Geschiebemergel aufgebaut. Lediglich im Süden sind sie in Sanden und geröllhaltigen Kiesen ausgebildet. Diese Substrate hatten primär unterschiedliche Steingehalte, so daß die periglazialen Steinanreicherungen in folgender Weise vertikal und horizontal variieren:

1. Die geschlossenen Kleinsenken sind steinarm bis steinfrei. Aus der Abb. 5 wird ersichtlich, daß im Solifluktionslehm zwei übereinander gelegene Steinsohlen auftreten. Im hangenden Periglazialsand der Senkenflanken gibt es Steinketten. Über dem Kiesausbiß tritt eine schwache Steinkette auf. Periglazialsand und im Holozän hineingeführte Sande verdecken die periglazialen Steinanreicherungen in bedeutendem Maße, so daß diese durch ackerbauliche oder obstbauliche Pflegearbeiten nicht an die Oberfläche gelangen können (wohl aber durch hydromeliorative Maßnahmen). Der im Süden ausgebildete Flachrücken ist trotz seiner Höhe nahezu steinfrei; er ist in Mittelsanden angelegt. Gelegentlich auftretende größere Steine sind von Geschiebemergelschuppen herangeführt worden.
2. Alle relativ ebenen Geschiebemergelflächen weisen an der Erdoberfläche einen geringen bzw. keinen Steinbesatz auf; über der Lehmschicht ist er jedoch verbreitet (mäßige Gehalte). Bewirtschaftungsmaßnahmen berühren diese in der Regel nicht (Tiefenlage 60 bis 90 cm).
3. Wo der Geschiebemergel mit einer Reliefkante zur Kleinsenke abfällt, haben sich am Fuße der Stufe zahlreiche Steine angereichert. Diese werden vom Tiefpflug erfaßt und teilweise an die Erdoberfläche geführt. Ein Steinbesatz gleicher Graduierung trifft auch für Flachrücken geringer relativer Höhe zu.
4. Höhere Flachrücken mit basalem Geschiebemergel haben nicht direkt auf ihrem Gipfel, wohl aber dicht daneben die größten Steinanreicherungen in Oberflächennähe, so daß sie bei Pflegearbeiten erfaßt werden und zu einem dichten Steinbesatz an der Erdoberfläche beitragen. Einen Sonderfall stellt ein ca. 10 bis 15 m breiter Flachrücken im Süden dar, der wegen fehlender Steinmasse nicht zu stärkeren periglazialen Steinanreicherungen führte.

Einfluß des Reliefs auf Art und Menge der periglazialen Steinanreicherungen

Um die Zeigerfunktion des Reliefs für die Abgrenzung von periglazialen Steinanreicherungen nutzen zu können, wurden in verschiedenen Glazialgebieten weitere detaillierte Untersuchungen durchgeführt (Abb. 6). Das nachfolgende Beispiel gibt einen Einblick in aufgenommene Steinmerkmale sowie in die Interpretation (vgl. Tabelle).

Interpretation:
- Auf diesem Breitrücken tritt als Anordnungstyp die vertikale Steinstreu auf; die Steine liegen nahe zur Erdoberfläche.
- Das deutet auf eine reife Phase der Steinanreicherung hin. Diese Annahme wird auch durch die vertikale Abnahme der glazial geprägten Gesteinsformen bestätigt; andererseits nimmt die Anzahl frostzerstörter Steine zu, und die leicht zerstörbaren Sedimentite gehen in gleicher Richtung zurück.
- Die reife Entwicklung der Steinanreicherung ergibt sich ferner aus der Geringmächtigkeit der Vertikalerstreckung, obgleich innerhalb des Gesamtkomplexes zwei Konzentrationsbereiche auftreten, die von einer Schicht geringer Steinigkeit getrennt werden.
- Die Beteiligung lateraler Stoffverlagerungsprozesse in Erdoberflächennähe spiegelt sich im hohen Anteil horizontal liegender Steine wider.
- Der Steinanreicherungsprozeß erreichte jedoch nicht (oder nur kurzfristig) die Erdoberfläche. Für eine solche Annahme spricht der fehlende Windkanteranteil.

Nachfolgend wird auf einige reliefbezogene und vom Substrat modifizierte Steinigkeitsregeln eingegangen; sie spiegeln allgemeine Tendenzen der Steingehalte, der Tiefenlage und der Anordnungsmuster in Grundmoränen wider.

Tabelle. Breitrücken einer Grundmoräne mit deckenartiger Lagerung des weichseleiszeitlichen basalen Geschiebemergels; 1 Grad Neigung nach Südsüdosten, Tieflehm-Fahlerde, Töplitz, Aufnahme 1982

Tiefe (cm)	Boden-horizont	Steinigkeit (%)	Gesteinsgröße (%)		Gesteinslage (%)			Gesteinsform (%)			Gesteinsgruppe (%)	
			3–5 cm	> 5 cm	horizontal	senkrecht	sonst.	K	O	S	Magmatite Metamorphite	Sedimente
25–35	Bv	12,0	86	14	70	12	18	53	4	43	62	38
35–45	Et1	1,0	100	0	60	27	13	60	0	40	60	40
45–55	Et2	8,0	100	0	78	11	11	78	0	22	33	67

K – kantenbestoßen O – abgerollt S – scharfkantig

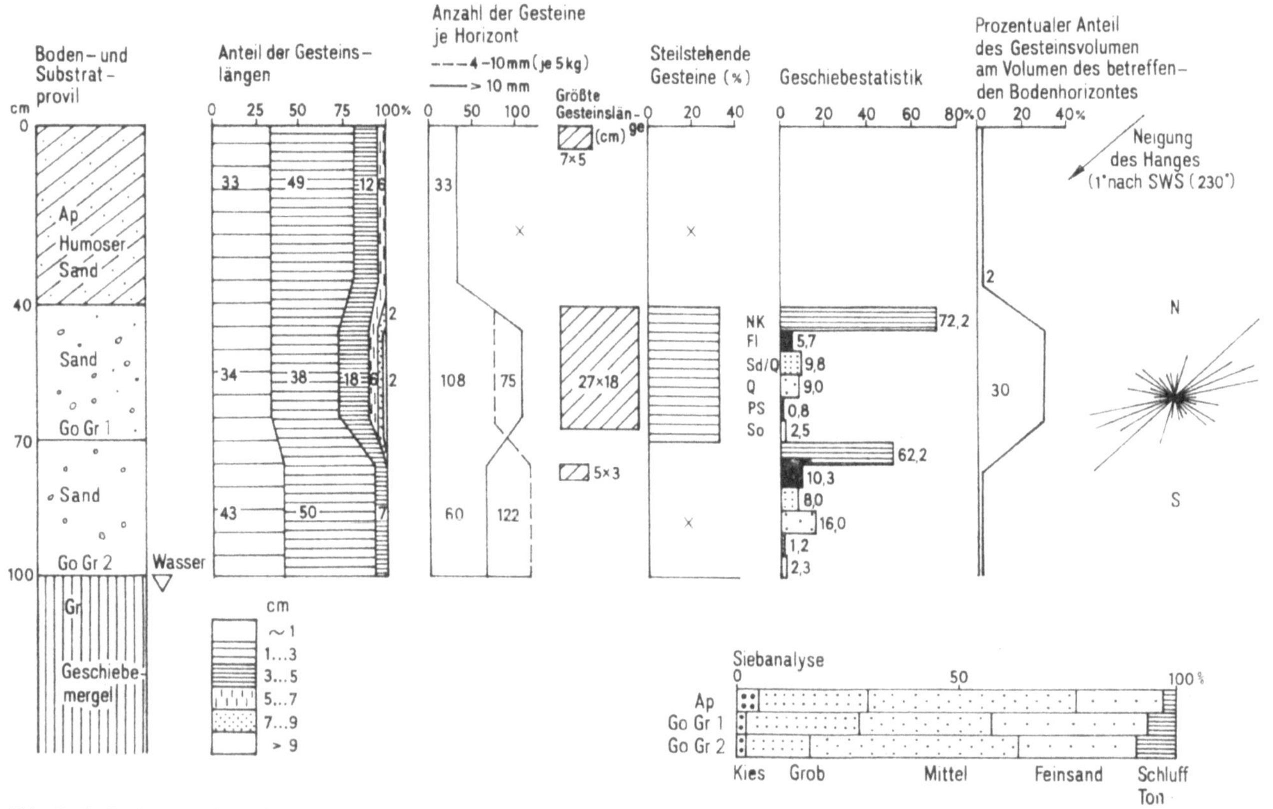

Abb. 6. Aufnahmeprofil periglazialer Erscheinungen eines Grundmoränenunterhanges

Aufnahme: 1975
NK – nordisches Kristallin; Fl – Flint; Sd/Q – Sandstein/Quarzit; Q – Quarz; PS – paläozoischer Schiefer; So – Sonstiges
linkes Profil: statt S...provil lies S...profil
mittleres Profil: lies Anzahl der Gesteine je Horizont (je 5 kg)

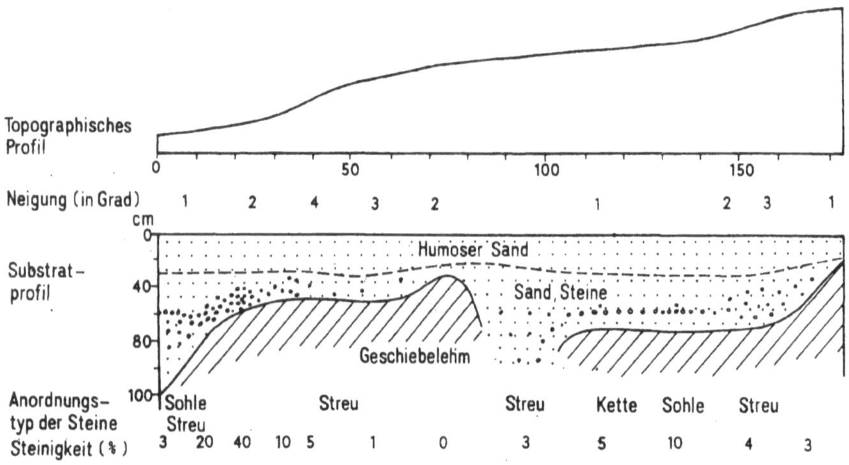

Abb. 7. Stufenhang mit periglazialen Steinfallen
Aufnahme: 1977

Ebene und Breitrücken

Steinigkeit (St): variabel, gering bis hoch; Durchschnitt mäßig hoch

Tiefenlage (T): relativ konstant, relativ mächtiges Steinprofil

Anordnungstyp (A): vertikale Steinstreu, seltener Steinsohlen und -ketten (besonders in Kies- oder in glazifluvial erodierten Grundmoränenarealen).

Schmalrücken (ca. 100 bis 150 m Breite)

St.: Zentrum wegen Feinerdeabzug (Deflation, Abspülung) hoch, an Flanken mäßig steinig (an Kanten umgekehrte Steingehalte)

T: flach, z. T. auf Erdoberfläche gelegene Steine, an Flanken absinkend

A: über Lehm vertikale Steinstreu, an Flanken Steinkette und/oder -sohle. Über Kies oberflächliche Steinstreu und Steindecke, z. T. auch Steinpanzer; hangabwärts Steinkette und -sohle.

Geradhang (Streckhang)

St.: Lehm hoch, hangabwärts zunehmend; Kies — sehr hoch, hangabwärts abnehmend; Sand — gering bis fehlend

T: hangabwärts kontinuierliche Tiefenzunahme und Verringerung der Vertikalerstreckung

A: vertikale (z. T. oberflächliche) Steinstreu, Steinkette und Steinsohle.

Hohlhang (Konkavhang)

St.: variabel; oben starke, hangabwärts wegen der Zunahme der Feinerdemächtigkeit zurückgehende Steingehalte

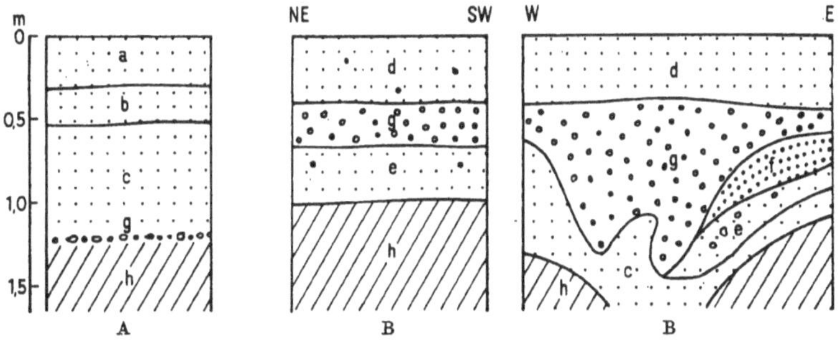

Abb. 8. Aufnahmeprofile eines periglazialen Tälchens
A — Unterhang mit Steinkohle (V. 1977, nordöstlich Bochow)
B — Sohlenprofile mit Steinpackung (V. 1977, nordöstlich Bochow)
a — Sand, humos; b — Sand, braun; c — Sand, grau; d — Sand, Steine, humos; e — Sand, Steine, grau; f — Feinkies; g — Grobkies, Gerölle in Sand/Schluff; h — Geschiebelehm

T: variabel; flach, hangabwärts stark abtauchend; daher große Vertikalmächtigkeit des steinführenden Komplexes; die Steine liegen isoliert
A: vertikale (z. T. oberflächliche) Steinstreu, Steinsohle und hangabwärts Steinkette, z. T. mehrere übereinander, gefällewärts sich auflösend.

Vollhang (Konvexhang)

St.: Lehm — mäßig, Kies — hoch, jeweils hangabwärts Zu-, dann Abnahme
T: flach, z. T. im Humushorizont, hangabwärts abtauchend
A: oberflächliche und vertikale Steinstreu, hangabwärts in Steinkette und -sohle übergehend; über Kies auch Steindecke (seltener Steinpanzer).

Stufenhang (getreppter Hang)

Folge von Gerad-, Hohl- und Vollhangabschnitten (Abb. 7)
Je größer die Hangwinkeländerungen benachbarter Hangabschnitte ausgebildet sind, um so auffallender variiert der Steingehalt.

- Hangabwärts auftretende Winkelverkleinerung äußert sich in einer Zunahme der periglazialen Steinigkeit sowie in einem anfänglichen Vorherrschen der vertikalen Steinstreu, die gefällewärts von horizontbeständigen, geringmächtigen Steinlagen (Steinsohlen, -ketten) abgelöst wird. Die Feinerdemächtigkeit nimmt in solchen konkaven Hangabschnitten zu.
- Hangabwärts einsetzende Winkelvergrößerung äußert sich in einer Abnahme der Steinigkeit und der Tiefenlage der Steine; diese liegen in Nähe oder sogar auf der Erdoberfläche (oberflächliche Steinstreu, Steindecke, Steinpanzer; Steinketten, Steinsohle, vertikale Steinstreu in der Ackerkrume).

St.: variabel, Vollformen/Kanten gering (Steinabzugsgebiete), Hohlformen hoch (Steinfalle als Feststoffzuzugslage)
T: flache Lage in Vollformen, größere Tiefenlage in Hohlformen
A: Vollformen: Steindecke, oberflächliche und/oder vertikale Steinstreu, Steinketten; Hohlformen mit mächtiger vertikaler Steinstreu, hangabwärts in Steinketten und -sohlen übergehend
(Anmerkung: Wichtig ist die Länge bzw. die Flächengröße des Liefergebietes/-hanges für Steingehalte in Hohlformen).

(Trocken-) Tal- und Dellensohle (Abb. 8)

St.: in Anfangsmulden hoch, in auslaufenden Bereichen sowie in Schwemmkegeln gering bis fehlend
T: in Anfangsmulden relativ flach, gefällewärts tiefere Lagen möglich (Gefälle der Talwegsohle bzw. Dellensohle ist in diesem Zusammenhang wichtig)
A: Anfangsmulden mit vertikaler Steinstreu; auslaufende Bereiche meist (mehrere übereinander gelegene) Steinketten, auflösend.

Sohle geschlossener Kleinsenken (Durchmesser ca. 100 bis mehrere hundert Meter)

St.: mäßig bis gering
T: mäßig tief, zum Senkenzentrum stark absinkend
A: vertikale Steinstreu, z. T. Steinsohle und -kette, zum Sohlenzentrum hin auflösend.

Zusammenfassung

Da periglazialer Steinbesatz nur auf Bedarfsflächen maschinell beräumt werden sollte, ist die exakte Kenntnis entsteinungsbedürftiger Areale eines Schlages erforderlich. Aus der Kenntnis der Art, Menge und Tiefenlage der Steine können auch maximale Tiefenmaße für Bodenlockerungsarbeiten sowie geeignete Vorkehrungen für geplante hydromeliorative Maßnahmen getroffen werden, um eine sekundäre Versteinung des Humushorizontes zu vermeiden. Deshalb sind zielgerichtete Geländeaufnahmen durchzuführen; dabei ist der jeweilige Aufnahmestandort reliefbezogen auszuwählen — unter Beachtung des Ausgangssubstrates und des glazialen Baustils. Für die Aufdeckung gesetzmäßiger Zusammenhänge periglazialer Steinanreicherungen ist der Unterboden/Zwischenhorizont entscheidend. Sein Steinbesatz ist durch periglaziale Prozesse bedingt, während die Steinführung des humosen Bodenhorizontes vielfach anthropogen oder durch Tiere entstand.

Резюме

В связи с тем, что перигляциальные каменистые скопления должны удаляться механическим путем лишь на участках, предусмотренных для обработки, необходимы точные данные относительно ареалов распространения каменистых скоплений на этих участках. Исходя из сведений относительно рода, количества и глубины залегания каменистых скоплений выбираются величины максимальных глубин почворазрыхлительных работ, а также планируются гидромелиоративные мероприятия с целью предупреждения вторичного накопления каменистого материала в гумусовом слое. Это вызывает необходимость проведения целенаправленных полевых работ, при этом каждый отдельный участок картирования выбирается в зависимости от характера рельефа и с учетом исходной почвы, а также ледниковой тектоники. При выявлении закономерностей распространения каменистых скоплений значительная роль принадлежит определению границы подпочвенного и промежуточного горизонтов. Приуроченность каменистого материала к ней обусловлена перигляциальными процессами, в то время как каменистый материал в почвенном горизонте имеет антропогенный генезис или был привнесен животными.

Summary

Exact knowledge of stony areas is necessary, because periglacial stone accumulations can be removed by machine only at required areas. Knowing kind, quantity and depth position of these stones, maximum depth for soil cultivation as well as suitable hydromeliorative measures can be taken to avoid secondary stone accumulation of the humus horizon. That's why, purposeful mapping is necessary. The mapping position must be chosen in dependence of the relief considering primary substratum and glacial tectonical style. The subsoil/interlayer is significant to detect regulary connections of periglacial stone accumulations. Stones in the subsoil are caused by periglacial processes, whereas stone-bearing of the humus horizon often is influenced by men or animals.

Literatur

Autorenkollektiv: Richtlinien für die mittelmaßstäbige landwirtschaftliche Standortkartierung. — Eberswalde-Finow: AdL der DDR, Inst. Bodenkd. Eberswalde 1974
DEWERS, F.: Das Diluvium. — Das Känozoikum in Niedersachsen, Oldenburg 3 (1941) S. 53–267

DÜCKER, A.: Die Windkanter des Norddeutschen Diluviums in ihren Beziehungen zu periglazialen Erscheinungen und zum Decksand. – Jahrb. Preuß. Geol. Landesanst. für 1933, Berlin 54 (1934) S. 487–530
HANNEMANN, M.: Geologische Gesichtspunkte bei der Ermittlung der Bodensteinigkeit im norddeutschen Flachland. – Z. angew. Geol., Berlin 15 (1969) 12, S. 637 bis 640
LIEBEROTH, J.; CHRONEWITZ, E.: Eine Schnellmethode zur Ermittlung des Steingehaltes in der Ackerkrume. – Arch. Acker-Pflanzenbau, Bodenkd., Berlin 30 (1986) 2, S. 63–71
MÜLLER, H.-H.: Steinsohlen – ihre Genese und Altersstellung nach neueren Forschungsbefunden. – Eiszeitalter Gegenw., Hannover 36 (1986) S. 61–73
NITZ, B.: Windgeschliffene Geschiebe und Steinsohlen zwischen Fläming und pommerscher Randlage. – Geologie 14 (1965) 5/6, S. 686–698
POPOV, A. I.: Al'bom kriogennych obrazovanij v zemnoj kore i rel'efe. – Moskva: Izd. Mosk. Univ. 1973
SUCHODROVSKIJ, V. L.: Rel'efobazovanie v periglacial'nych uslovijach (na primere Zemli Franca Josifa). – Moskva: Izd. Nauka 1967
WEISSE, R.: Untersuchungen zur glazialen und periglaziären Morphogenese der Nördlichen Altmark. – Potsdam: Pädagog. Hochsch. Potsdam, Diss. B 1972 (unveröff.; frei für Lit.-Tausch)
– Die periglaziale Überprägung der nördlichen Altmark. – Z. geol. Wiss., Berlin 9 (1973) S. 1123–1139
– Ergebnisse glazialmorphologischer und periglaziärer Untersuchungen bei Potsdam. – Exkursionsführer Jubiläumstagung „100 Jahre Glazialtheorie im Gebiet der skandinavischen Vereisungen", Berlin 1975, S. 47–75
– Die periglazialen Steinanhäufungen in Alt- und Jungmoränenlandschaften des Bezirkes Potsdam. – Potsdam T. 1, Jan. 1983, 57 S.; T. 2 Sept. 1983, 8 S. (unveröff. Forsch.ber.; frei für Lit.-Tausch)
– Glaziale und periglaziale Strukturen bei Potsdam. – Wiss. Z. Pädagog. Hochsch. Potsdam, Potsdam 29 (1985) 3, S. 403–416
– Die glazialgenetischen Einheiten westlich von Potsdam. – Z. geol. Wiss., Berlin 15 (1987) 3, S. 337–353

Eichprobenarme Röntgenfluoreszenzanalyse von Haupt- und Nebenkomponenten in geologischen Proben

Teil 2: Kalibrierung und Konzentrationsberechnung

ELMAR LECHMANN, Berlin

Veröffentlichung Nr. 18/90 aus dem Zentralen Geologischen Institut

Zusammenhang von Kalibrierung und Matrixkorrektur

Die Berechnung der Konzentrationen der Hauptkomponenten-Elemente aus unkorrigierten röntgenspektrometrischen Meßwerten erfolgt nur in Ausnahmefällen, z. B. bei der Anwendung sog. schwerer Absorber, mittels linearer Regressionsgrößen, die bei der Kalibrierung den Zusammenhang zwischen unverändertem Meßwert und Konzentration beschreiben.

Bei der Untersuchung von Vielkomponentensystemen, aus denen sich geologische Proben zusammensetzen, müssen die den Analyten begleitenden Matrixbestandteile in die Kalibrierung einbezogen werden, so daß die Kalibrierung gleichzeitig auch die Matrixkorrektur einschließt. Informationen über die Matrix erhält man einerseits aus ihren konzentrationsproportionalen Meßwerten und zum anderen aus chemisch ermittelten Konzentrationen, wie z. B. des Na_2O-Gehaltes oder des Glühverlustes der Probe.

Bisher wurden international für die Ermittlung der Regressionsgrößen bei der Kalibrierung lineare Regressionsansätze angewandt. Diese sog. empirischen Matrixkorrektur-Modelle erfordern eine Vielzahl von Kalibrierproben, etwa 100 bei der HK-Analyse. Einen ausführlichen Überblick geben Autorenkollektiv (1988) und LECHMANN (1984) über Ergebnisse, die mit diesen Korrekturverfahren bei der Untersuchung geologischer Proben erzielt werden konnten.

Bei Erweiterungen der Untersuchungsbereiche bzw. der Untersuchungsart, vor allem aber bei Veränderungen der Geräteparameter, sind wirtschaftlich nicht vertretbare, wiederholte Kalibrierungen notwendig.

Aber nicht nur die Wirtschaftlichkeit des Analysenverfahrens erfordert die Verringerung des Kalibrieraufwandes, vielmehr läßt sich die Qualität der Analysenresultate mit der Häufigkeit der Kalibrierung erhöhen.

Seit einigen Jahren wurden in der RFA sog. eichprobenarme Kalibrierverfahren eingeführt, die sich auf grundlegende physikalische Zusammenhänge zwischen der Intensität der Analysenlinie und der Konzentration des Analyten und der Begleitelemente in der Analysenprobe zurückführen lassen. Die häufig gebrauchte Bezeichnung „Fundamentalparameter-Methode" weist auf die Einbeziehung von stoffspezifischen und wellenlängenabhängigen physikalischen Grundgrößen hin, hier besonders der Massenschwächungskoeffizienten (MSK).

Eingang des Manuskripts in der Redaktion: 19. 9. 1989

Aber auch bei der physikalischen Methode kann nicht auf die Anwendung von Kalibrierproben verzichtet werden. In der Praxis (LECHMANN 1988) zeigte sich, daß für 10-Komponentensysteme bei der HK-RFA auch ca. 10 Kalibrierproben eingesetzt werden müssen, die neben dem meßtechnischen Ausgleich die geräteseitige Anpassung der Intensitäts-Konzentrations-Beziehung berücksichtigen.

Wahl des physikalischen Korrekturmodells

Aus dem physikalischen Modell des theoretischen Zusammenhanges zwischen Röntgenstrahlungsintensität des Analyten (Meßgröße) und den Konzentrationen der Probenkomponenten läßt sich unter Annahme monochromatischer Primärstrahlung das in der Praxis häufig angewandte Konzentrations-Korrekturmodell nach LACHANCE & TRAILL (1966) ableiten.

$$C_i = R_{i,100} \left[1 + \sum_{j \neq i} \alpha_{ij} \cdot C_j\right] \qquad (1)$$

α_{ij} – ALPHA-Korrekturkoeffizient
C_i – Konzentration des Analyten i
C_j – Konzentration der Begleitkomponenten j
$R_{i,100}$ – $I_i/I_{i,100}$
Intensitätsverhältnis der Messung des Analyten i in Meß- und Reinelement-Monitorprobe

Bei den empirischen Korrekturansätzen erfolgt die Berechnung der ALPHA-Koeffizienten mittels multipler Regression aus zahlreichen Kalibrierproben. Im Falle von physikalischen Korrekturen werden diese Größen aus tabellierten MSK berechnet.

Als röntgenspektrometrische Meßgröße $R_{i,100}$ wird die Strahlungsintensität der Analysenlinie der Meßprobe auf die der gleichen Analysenlinie einer Vergleichs- oder Monitorprobe – hier einer Reinelementmeßprobe – bezogen. Dadurch erfolgt die Eliminierung atom- und spektrometerspezifischer Konstanten.

In der Routinepraxis der RFA erweist sich die Anwendung von Reinelementstandards als uneffektiv bzw. für einige Elemente als schwierig durchführbar, so daß die Notwendigkeit bestand, eine rationellere Verfahrensweise anzuwenden.

Das bei uns gleichfalls aus dem physikalischen Modell abgeleitete Korrekturmodell nutzt daher als Vergleichsprobe einen Multielementstandard, der alle interssierenden Analyten und Restmatrixkomponenten enthält

$$C_i = R_{i,V} \cdot \frac{C_{i,V}}{K_i} \left[1 + \sum_{j \neq i} \alpha_{ij} \cdot C_j\right] \quad (1)$$

$C_{i,V}$ — Konzentration des Analyten i in der Vergleichsprobe
$R_{i,V}$ — Intensitätsverhältnis von Meß- und Monitorprobe für Analyt i

Der Unterschied der in ihrer Struktur ähnlichen Korrekturmodelle besteht in der Größe K_i. Sie läßt sich wie folgt aus bekannten Größen einfach berechnen:

$$K_i = \sum_{j \neq i} \alpha_{ij} \cdot C_{j,V} \quad (3)$$

$C_{j,V}$ — Konzentration der Begleitkomponenten j in der Vergleichsprobe

Beiden Modellen gemeinsam sind die „ALPHA"-Größen:

$$\alpha_{ij} = \frac{\bar{\mu}_j}{\bar{\mu}_i} - 1 \quad (4)$$

mit: $\bar{\mu}_i = \mu_{i,\lambda} + G \cdot \mu_{i,\lambda_i}$

$\bar{\mu}_i$ — komplexer Massenschwächungskoeffizient (wellenlängenabhängig)
$\mu_{i,\lambda}$ — Massenschwächungskoeffizient der Analysenkomponente i bei der Effektivwellenlänge λ
G — Strahlengeometrie, Faktor des Spektrometers
μ_{i,λ_i} — Massenschwächungskoeffizient der Analysenkomponente i bei Wellenlänge der Analysenlinie

Die j-Größen in Gl. (2) beziehen sich auf die Begleitkomponenten.
Für die iterative Konzentrationsberechnung wird ein Berechnungsansatz gewählt, der die lineare Regression der Kalibrierung einschließt:

$$C_i = \hat{a}_{i,0} + \hat{b}_i \cdot R_{i,v} \cdot \frac{\sum_{\substack{j=i \\ i=j}}^{n} \mu_j \cdot C_j \text{ Probe}}{\sum_{\substack{j=1 \\ i=j}}^{n} \mu_j \cdot C_j \text{ Monitor}} \quad (5)$$

C_i — Konzentration des Analyten
$\hat{a}_{i,0}, \hat{b}_i$ — lineare Regressionsgrößen
C_j — Konzentration der Begleit- und Analysenelemente

In dieser Form gehört das physikalische Korrekturmodell zu den „Hybrid-Modellen", die sowohl empirische als auch theoretisch ableitbare Korrekturglieder enthalten.
Die Berechnung der MSK erfolgt nach LEROUX & THINH (1979) entsprechend Gl. (6).

$$\mu = C \cdot E_{ab} \cdot \lambda^n \quad (6)$$

μ — Massenschwächungskoeffizient
E_{ab} — Absorptionskantenenergie
C, n — elementspezifische Konstanten
λ — Wellenlänge

Kalibrierung

Das physikalische Korrekturverfahren der RFA in Form des genannten Hybrid-Modells kann für Schmelzaufschlußproben als lineare Beziehung zwischen Konzentrationen und der mittels MSK korrigierten Intensität angesehen werden. Die Streuung entlang der Geraden sollte dann nur von zufälligen Meßfehlern und nicht von Matrixeffekten herrühren.
In diesem Fall sind für die Ermittlung der bestimmenden Parameter — Anstieg und absolutes Glied — minimal zwei Kalibrierproben erforderlich.
Der grundsätzlichen Forderung, die Auswertung nur im Konzentrationsbereich der Kalibrierung vorzunehmen, kann aber bei der Analyse von Mehrkomponentensystemen mit nur zwei Kalibrierproben nicht entsprochen werden. So gelingt es z. B. nicht, mit diesen beiden Proben alle Konzentrationsbereiche gesteinsbildender Komponenten in Silicatgestein zu kalibrieren.
Neben der Ermittlung der für die Auswertung benötigten Regressionsgrößen — Probenzahl > 2 — werden bei der Kalibrierung noch folgende wesentliche Informationen abgeleitet:

- Korrekturwirksamkeit:
  Eine signifikante, durch t-Test belegbare Verringerung der Streuung um die Ausgleichsgerade beim Vergleich von unkorrigierten und mittels MSK korrigierten Intensitäts-Konzentrationsbeziehungen ist auf die Verringerung des Matrixeffektes zurückzuführen.
  Ebenso weist bei homogener Eichabstufung die signifikante Änderung des Geradenanstieges dieser Beziehung auf den Einfluß des Matrixeffektes hin.
  Durch die Untersuchung der Korrekturwirksamkeit sollen Informationen über die Notwendigkeit der Durchführung einer Korrektur erhalten werden.
- Linearität des Kalibrationsbereiches:
  Der Anstieg der Geraden weist für einige Elemente im hohen Konzentrationsbereich der korrigierten Intensitäts-Konzentrationsbeziehung, z. B. für $SiO_2 > 75\%$, eine geringere Neigung auf.
  Für diese Konzentrationsbereiche werden dann die gültigen Regressionsgrößen berechnet und bei der Auswertung selbständig vom Konzentrationsberechnungsprogramm gewählt.
- Statistische Größen zur Einschätzung der Analysenqualität
  Durch die Auswertung der verfahrensbedingten Standardabweichung, sie wird entsprechend Gl. (7) (DOERFFEL & ECKSCHLAGER 1981) aus Daten der Kalibrierung berechnet, kann die zu erwartende Analysenqualität eingeschätzt werden. Die Nutzung der Kalibrierung bietet Vorteile, da einerseits weite Bereiche möglicher Matrixzusammensetzungen erfaßt und zum anderen gut analysierte Standardproben angewandt werden können.
  Durch die Einbeziehung der Kalibrierung besteht weiterhin die Möglichkeit der Richtigkeitseinschätzung.

Verfahrensstandardabweichung s_v:

$$s_v = \frac{s_y}{b}\left[\frac{1}{n} + \frac{1}{m} + \frac{1}{b^2}\,\frac{(I_A - I_m)^2}{\sum (C_i - \bar{C})^2}\right]^{\frac{1}{2}} \quad (7)$$

s_y — Meßwertreproduzierbarkeit
b — Empfindlichkeit $\left[\frac{\text{Imp.}}{\text{sec.}}\%\right]$
n, m — Zahl von Analysen- und Kalibrierproben
C_i — Konzentration des Analyten i mit Intensität I_A
$\bar{C}; I_m$ — mittlere Konzentration bzw. Intensität

Konzentrationsberechnung

Die Konzentrationsberechnung erfolgt iterativ mittels Analysenfunktion entsprechend Gl. (5).
Zu Beginn ist die Konzentration der Komponenten nur teilweise bekannt, so daß aus Eingangsschätzungen der Berechnung von 0. Näherungen einfacher Intensitäts-Konzentrationsbeziehungen vorerst Näherungsgrößen von Konzentrationen und MSK der Gesamtprobe erhalten werden.
Die MSK werden im Verlauf der Iteration schrittweise durch Verbesserung der Konzentration korrigiert. Als Bezug dienen die Regressionsgrößen der mittels MSK korrigierten Intensitäts-Konzentrationsbeziehungen der Messungen von Kalibrierproben.
Die rechentechnische Abarbeitung erfolgt im off-line-Modus nach Übernahme der Meßwerte vom Röntgenspektrometer VRA-20 durch den Bürocomputer BC 5120. Die gespeicherten Konzentrationen der Restmatrix (Glühverlust) und der Nebenkomponenten Na_2O und P_2O_5 werden in die Iteration einbezogen.
Die folgende Aufstellung zeigt Algorithmus und Verlauf der Konzentrationsberechnung:

– Berechnung der Konzentration $C_{i,0}$ der Komponenten SiO_2, TiO_2, Al_2O_3, Fe_2O_3T, MgO, CaO, K_2O und SO_3 in nullter Näherung.

$$C_{i,0} = a_{i,0} + b_{i,0} \cdot R_i$$

$$C_{i,0} = C_{j,0}$$

– Berechnung der MSK in n-ter Näherung

$$\mu^*_{i,(n-1)} = \Sigma \frac{C_{j,(n-1)}}{100\%} \cdot \bar{\mu}_{i,j} \cdot V + (1 + V) \cdot \bar{\mu}_{i,AM}$$

n – Grad der Näherung
C_j – Konzentration der Nebenkomponente j
$\bar{\mu}_{i,j}$ – komplexer MSK der Komponente j
V – Verdünnungsverhältnis
AM – Aufschlußmittel

Zur Berechnung von μ_i^* werden die Konzentrationen von Na_2O, P_2O_5 und des Glühverlustes der Probe sowie das Aufschlußmittel entsprechend dem Massenanteil berücksichtigt.

– Berechnung der relativen Massenschwächung: $Q_{i,n-1}$

$$\frac{\mu^*_{i,(n-1)}}{\mu^*_{i,\text{Standard}}} = Q_{i,(n-1)}$$

– Berechnung μ_i^*-korrigierter Konzentrationen bei n Iterationsschritten

$$C_{i,n} = a_{i,k} + b_{i,k} \cdot Q_{i,(n-1)} \cdot R_i$$

$a_{i,k}; b_{i,k}$ – Regressionsgrößen bei Korrektur durch MSK

– Summenbildung und Wiederholung der Berechnung nach Ergänzung auf „100%".

$$C_{\text{ges},n} = \sum_{j=1}^{g} C_{j,n}$$

In die Summenbildung werden alle Nebenkomponenten und der Glühverlust mit einbezogen.

$$C'_{i,n} = C_{i,n} + (100\% - C_{\text{ges},n}) \cdot \frac{C_{i,n}}{100\%}$$

Mit der Konzentration $C'_{i,n}$ werden wiederholt neue MSK berechnet.

Die Endergebnisse stammen stets aus der Berechnung der MSK-korrigierten Analysenfunktion und nicht aus dem Ergänzungsschritt.

Tabelle. Statistische Verfahrensgrößen

Probenart	Komponente	Konzentrationsbereich der Kalibrierung (%)	untere Bestimmungsgrenze des Verfahrens (%)	Verfahrensstandardabweichung s_v (%)
Silicate	SiO_2	18 – 73,4	(1,6)	0,34
		73,4 – 100,0		0,79
	TiO_2	0,0 – 2,0	0,06	0,030
	Al_2O_3	0,0 – 33,5	0,46	0,18
	Fe_2O_3T	0,0 – 16,1	0,20	0,09
	MgO	0,0 – 38,5	0,67	0,34
	CaO	0,0 – 37,3	0,32	0,17
	K_2O	0,0 – 4,8	0,08	0,04
	Na_2O	0,0 – 9,4	0,12	0,57
	P_2O_5	0,0 – 1,2	0,07	0,03
Columbite	Nb_2O_5	5,0 – 65,0	(1,0)	0,29
	Ta_2O_5	10,0 – 75,0	(1,4)	0,34
	Fe_2O_3T	0,0 – 15,0	0,10	0,05
	TiO_2	0,0 – 15,0	0,21	0,09
	MnO_2	5,0 – 15,0	0,30	0,12
Mikrolithe	Nb_2O_5	0,0 – 10,0	0,20	0,08
	Ta_2O_5	40,0 – 80,0	(3,0)	0,36
	Bi_2O_3	0,0 – 20,0	0,36	0,16
	CaO	0,0 – 15,0	0,27	0,08
Ilmenit,	TiO_2	0,5 – 60,0		0,27
Perowskit,	Fe_2O_3	0,0 – 33,0		0,25
Titanit	CaO	0,2 – 40,0		0,50
Zirkon	ZrO_2	0,0 – 10,0		0,15
		10,0 – 50,0		0,61

Bewertung des Analysenverfahrens

Die Tabelle zeigt die Aufstellung statistischer Verfahrenskenngrößen für die Haupt- und Nebenkomponentenanalyse von gesteinsbildenden Elementen und einer Auswahl von Erzen. Berechnet wurden sie aus Daten der Kalibrierung.

Die untere Bestimmungsgrenze wurde ebenfalls aus diesen Daten berechnet (DOERFFEL 1966). Sie stellt eine durch das Analysenverfahren festgelegte Größe des unteren Konzentrationsbereiches der gültigen Auswertung dar.

Für die Richtigkeitseinschätzung wurden internationale Standardgesteine eingesetzt, die nicht in die Kalibrierung einbezogen waren. Eine Gegenüberstellung der nach diesem Verfahren berechneten Konzentrationen und ihrer attestierten Gehalte zeigte, daß die überwiegende Zahl der Konzentrationsdifferenzen geringer als bereits die 2fache Verfahrensstandardabweichung war.

Zusammenfassung

Im Beitrag wird ein Überblick über die Methodik zur Untersuchung von silikatischen Haupt- und Nebenkomponenten in Gesteinen und Erzen mittels Röntgenfluoreszenzanalyse gegeben.
Berücksichtigt werden die unterschiedlichen Präparationsarten zur Herstellung der Meßpräparate sowie der Einfluß von Elementen kleiner Ordnungszahlen.
Die Kalibrierung unter Anwendung von ZGI-Referenzmaterial und die Einführung der physikalischen Matrixkorrektur zur bedeutenden Verringerung des Kalibrieraufwandes bilden den Schwerpunkt des Artikels.
Die Qualität der Analysenergebnisse wird mittels statistischer Größen bewertet.

Резюме

В статье дается обзор методов исследований основных и второстепенных силикатных компонентов в породах и рудах с помощью рентгенофлюоресцентного анализа. Учитываются различия видов препарации при подготовке образцов для замеров, а также влияние элементов малых порядковых номеров. Основу статьи составляют вопросы калибровки с использованием представительного материала ЦГИ и введение физической матрицевой поправки с целью значительного сокращения объемов калибровки. Оценка качества результатов анализов проводится с помощью статистических величин.

Summary

A review is given on the method for the investigation of silicate major and minor compounds in rocks and ores by X-ray analysis. Several kinds of preparing to produce measuring preparations as well as the influence of elements of lower ordinal numbers are considered. Calibration using ZGI-reference material and the use of physical matrix correction to decrease the calibration expense significantly are treated in the article. Quality of the analysis results is estimated by statistical guaranties.

Literatur

Autorenkollektiv: Röntgenfluoreszenzanalyse – Anwendung in Betriebslaboratorien, 2. Aufl. – Leipzig: VEB Deutscher Verlag für Grundstoffindustrie 1988

DOERFFEL, K.: Statistik in der analytischen Chemie. – Leipzig: VEB Deutscher Verlag für Grundstoffindustrie 1966

DOERFFEL, K.; ECKSCHLAGER, K.: Optimale Strategien in der Analytik, 1. Aufl. – VEB Deutscher Verlag für Grundstoffindustrie 1981

LACHANCE, G. R.; TRAILL, R. I.: Practical evaluation of the matrix problem in the X-ray analysis. – Can. Spectrosk., Ottawa 11 (1966) S. 63

LECHMANN, E.: Röntgenspektrometrische Analyse silikatischer Proben mit dem Röntgenspektrometer VRA-20. – Z. angew. Geol., Berlin 30 (1984) 5, S. 257

– Erweiterung der röntgenspektrometrischen Silikatanalyse von geologischen Proben für die Bestimmung von Erzen unter besonderer Berücksichtigung der Elemente Niob und Tantal. – Freiberg: Bergakademie Freiberg, Diss. A 1988 (frei für Lit.-Tausch)

THINH, T. P.; LEROUX, I.: New basic empirical expression for computating tables of X-ray mass attenuation coefficients. – X-ray Spectrom., Chichester 8 (1979) S. 85–91

Tagungsberichte

...

Memoires of the International Symposium on Hydrogeological Maps as Tools for Economic and Social Development

Hannover, BRD, 30. 5.—2. 6. 1989

Hannover: Verlag Heinz Heise GmbH 1989. 598 S.

Der Sammelband umfaßt 83 Beiträge, die anläßlich des Symposiums als Vorträge bzw. als Poster präsentiert wurden. Die Vorträge sind vollständig oder als Kurzfassung gedruckt.
Dieses von der IAH veranstalte Symposium war das erste, das sich ausschließlich mit hydrogeologischen Karten beschäftigte. Es trägt damit der internationalen Entwicklung Rechnung, die deutlich macht, daß der Bedarf an hydrogeologischen Karten in der Volkswirtschaft und in den verschiedensten staatlichen Einrichtungen ständig zugenommen hat und weiter ansteigt.
Das ist in den vier thematischen Schwerpunkten des Symposiums dokumentiert:

1. Typen und Anwendung hydrogeologischer Karten
2. Anforderungen der Nutzer an hydrogeologische Karten
3. Bedeutung hydrogeologischer Karten für die Planung, Entwicklung und Bewertung von Grundwasserressourcen
4. Effektive Organisation und neue Technologien der hydrogeologischen Kartierung

Da unter Beachtung dieser Schwerpunkte eine Vielzahl hydrogeologischer Karten unterschiedlichen thematischen Inhaltes und in verschiedenen Maßstäben (1:10000 bis 1:1000000 und kleiner) vorgestellt wird, vermittelt der Band einen sehr guten Überblick über Stand und Entwicklungstendenzen in der hydrogeologischen Kartierung (thematisch, methodisch und technologisch). Festzustellen ist, daß sich die hydrogeologische Kartierung thematisch verstärkt dem Grundwasserschutz und der Geschütztheitsbewertung zuwendet und damit der notwendigen Entwicklung in der Hydrogeologie folgt.
Ebenso wird der Trend zu einem Mehr an thematischen Karten anstelle komplexer Karten deutlich, um damit der Spezifik der unterschiedlichen Informationen gerecht werden zu können.
Gleichzeitig wird auch in einigen Beiträgen auf die Nutzung moderner Informationsverarbeitungssysteme bei der Herstellung hydrogeologischer Karten eingegangen (von der Nutzung von Datenbanken, der Satellitenbildauswertung, von geographischen Informationssystemen bis hin zur computergestützten Herstellung der Karten).
Es werden Aussagen zur benötigten Hard- und Software gemacht. Der Sammelband beantwortet die in den letzten Jahren auf Grund des gewaltigen Anstieges der zu verarbeitenden Informationen wiederholt gestellte Frage nach der Notwendigkeit und Zukunft hydrogeologischer Karten eindeutig positiv. Die in einer Reihe von Beiträgen angesprochene Notwendigkeit der Verbesserung des Dialoges zwischen Hersteller und Nutzer der Karten kann ich nur unterstreichen.

V. Ermisch

Vollstädt, H. (Ed.)

High Pressure Geosciences and Material Synthesis

Proceedings of the XXV. Annual Meeting of the European High Pressure Research Group

Berlin: Akademie-Verlag 1988. 278 S., 149 Abb., 26 Tab., M 45.—

Das Buch enthält 59 Beiträge, einen Teil der Vorträge und Poster der internationalen Konferenz „High Pressure Geosciences and Material Synthesis", die als 25. Jahrestreffen der Europäischen Hochdruck-Untersuchungs-Gruppe (EHPRG) vom 25.—27. 8. 1987 in Potsdam mit 160 Teilnehmern aus Europa und einigen außereuropäischen Ländern stattfand.
Die Beiträge gliedern sich in fünf Sektionen: 1. Physikalische Eigenschaften von Gesteinen und Mineralen und der Zustand der Lithosphäre (14 Beiträge), 2. Phasenübergänge unter hohen Druck-Temperatur-Bedingungen und das Innere der Erde (20), 3. Zustandsgleichungen und die innere Struktur der Planeten (6), 4. Hochdrucksynthese von Mineralen und anderen Materialien (11) und 5. Instrumente und Techniken (8).
In knapper Form geben die Beiträge — ihr Umfang umfaßt jeweils drei bis fünf Seiten — einen gewissen Einblick in aktuelle Vorhaben und Ergebnisse einer ganzen Reihe von wissenschaftlichen Einrichtungen europäischer Länder auf dem Gebiet der Hochdruckforschung. Gut ein Drittel davon ist erdwissenschaftlichen Fragen zugewandt und für den Geologen besonders interessant und empfehlenswert. Verschiedenen Fachgebieten zuordenbar sind es vor allem Probleme und Ergebnisse aus laborativen Hochdruckexperimenten sowie Ableitungen und Modelle zum physikalischen Zustandsverhalten und zur petrologischen Entwicklung unter hohen Drücken.
Als Beispiele zur Mineralogie seien angeführt: Synthese und Stabilität neuer Hochdruckphasen mit Pumpellyitstruktur im System $MgO-Al_2O_3-SiO_2-H_2O$, Synthese und physikalische Eigenschaften der Granate im System $(Fe, Mg, Ca, Mn)_3\,Al_2(SiO_4)_3$ und das Phasendiagramm von Eisen bis 420 kbar und 2300 K. Zur Geophysik und Petrophysik umspannen die Beiträge ein weites Feld von seismischen Eigenschaften konkreter krustaler Regionen zur Verfolgung verschiedener physikalischer Eigenschaften unterschiedlicher Druckregime. Neue Konzepte zum Wachstum von Diamanten in der Erdkruste werden abgeleitet, Fragen des Einbaues beim Kristallwachstum und der Fraktionierung von Spurenelementen werden verfolgt und Konsequenzen zur Thermodynamik und zum Zustandsverhalten der Phasenübergänge aufgezeigt.
Einbezogen die zahlreichen weiteren materialwissenschaftlichen Beiträge und Namen- sowie eine Adressenliste der Teilnehmer ist dieser Konferenzbericht eine gute Informationsquelle für an Hochdruckproblemen interessierten Fachkollegen.

H.-J. Bautsch

Gudmundsson, J. S.; Thomas, D. M. (Eds.)

Deposition of Solids in Geothermal Systems

Oxford—New York—Beijing—Frankfurt—Sao Paulo—Sydney—Tokyo—Toronto: Pergamon Press 1989. 355 S.

*(Geothermics, Pisa **18** (1989) 1/2, special issue)*

Diese Sonderausgabe der Zeitschrift „Geothermics" enthält 41 Beiträge eines internationalen Arbeitsseminars, das zu Fragen der Feststoffablagerung in geothermischen Systemen vom 16.—19. 8. 1988 in Reykjavik, Island, stattfand.
In sieben technischen Sessionen wurden folgende Themen behandelt:

— das Lösungsverhalten Inkrustationen bildender Minerale unter unterschiedlichen *p/t*-Bedingungen und bei wechselnden pH-Werten,
— die Gesetzmäßigkeiten der Karbonatablagerungen,
— die Bildungsbedingungen für Silikatinkrustationen,
— die speziellen Verhältnisse bei der Ablagerung von Metallsulfiden und -oxiden,
— das Problem der werkstofftechnischen Auslegung von Wärmetauschern,
— die vielseitigen Fragen der Reinjektion von Thermalwässern,
— technologische, technische und chemische Maßnahmen zur Verhinderung von Inkrustationen sowie
— die Probleme der Korrosion und des Korrosionsschutzes.

Die aufgeführten Komplexe werden für das Gesamtsystem Förderbohrungen — Obertageanlagen — Injektionsbohrungen untersucht. Behandelt werden die hochthermalen Lagerstätten (Elektroenergieerzeugung, Raumwärme), die niedrigthermalen Lagerstätten vom Aquifertyp (Raumwärmegewinnung, Gebrauchswarmwasser), die Geothermienutzung nach dem HDR-Verfahren und die Wärmespeicherung, wobei naturgemäß die meisten Beiträge die hochthermalen Lagerstätten betreffen.
Mit einer Fülle von Erfahrungen, Erkenntnissen, Fakten und Daten aus der Forschung und dem industriellen Betrieb von Geothermieanlagen wird der derzeitige internationale Kenntnisstand demonstriert. Die Beiträge zeigen aber auch, daß der erzielte Fortschritt, insbesondere bei den Maßnahmen zur Verhinderung von Inkrustationen, noch weit hinter den Anforderungen der geothermischen Industrie zurückbleibt. Dies und die Notwendigkeit zur zielgerichteten Forschung waren Anlaß zur Bildung von sechs speziellen internationalen Arbeitsgruppen.
Ein nächstes „workshop" ist für 1991 anberaumt.
Insgesamt ein Band mit wertvollen Aussagen für Spezialisten der geothermischen Industrie und Forschung.

M. Schön

TORMA, A. E.; GUNDILER, J. H. (Eds.)

Precious and Rare Metal Technologies

Amsterdam—Oxford—New York—Tokyo: Elsevier Science Publ. 1989. 702 S., Dfl. 240.— ($ 152—.)

Die Produzenten von Basismetallen hatten bekanntlich in den frühen 80er Jahren mannigfache Schwierigkeiten. Trotz derzeitig günstiger Konjunktur werden aber auch für die kommende Dekade nur geringe, meist (mit Ausnahme von Al) unter 2% liegende jährliche Wachstumsraten prognostiziert. Anders ist die Sachlage bei einer ganzen Reihe von selteneren und Edelmetallen, die bei vergleichsweise wesentlich geringerem absoluten Verbrauch in zunehmendem Maße in Rohstoffen für Hoch- und Schlüsseltechnologien eingesetzt werden und für die demzufolge in den kommenden Jahren hohe Wachstumsraten (bis zu 10%/a) angenommen werden.

Kennzeichnend für diese Metalle ist aber auch, daß sie in geringen Konzentrationen, oftmals nur als „beibrechende" Elemente, in der Erdkruste auftreten. Verbesserte Technologien für die ökonomische Gewinnung dieser „Spurenelemente" sind deshalb von erstrangiger Bedeutung.

In diesem Licht muß man das vorliegende Buch sehen, in dem die Vorträge eines Symposiums niedergelegt sind, welches das State Mining and Mineral Resources Research Institute (SMMRRI) vom 6. bis 8. April 1988 in Albuquerque, New Mexiko, USA, veranstaltete. Die Publikation ist also grundsätzlich zu begrüßen.

Von den knapp 50 Beiträgen ist die Hälfte den Edelmetallen Gold und Silber gewidmet, je 6 beschäftigen sich mit den Seltenen Erden, Gallium und Germanium sowie mit ausgewählten Leichtmetallen (Be, Mg, Li). Vier Aufsätze haben die Platinium-Gruppe zum Inhalt.

Es sind vorzugsweise sehr spezifische und soweit es sich um geowissenschaftliche Beiträge handelt (10) territorial eng begrenzte. Nur auf zwei Übersichten soll hier aufmerksam gemacht werden: „Germaniumprodukte und ihre Anwendungen" und „Magnesium, ein bemerkenswertes Leichtmetall".

Angenehm ist, daß jedem Artikel ein Abstraktum vorangestellt ist, das nie eine Druckseite überschreitet. Damit wird für den Buchbenutzer die Faktenfülle zweckdienlich gebündelt und transparenter. Eine noch weitere Komprimierung und Darstellung der Hauptergebnisse durch die Herausgeber auf etwa 2—3 Seiten hätten dem Buch sicher nicht geschadet.

W. JUNG

DOWD, P. A. (Ed.)

Mineral Processing in the United Kingdom

Proceedings of a meeting organized by The Institution of Mining and Metallurgy, held at Brodington Hall, The University of Leeds, 4 & 5 April 1989

London: The Institution of Mining and Metallurgy 1989. 233 S., 103 Abb., 22 Tab., 106 Lit., £ 25.— ($ 50.—)

Der Band enthält 15 Vorträge und Diskussionsbemerkungen eines Aufbereitungskolloquiums. Neben Eröffnungsadresse und einer historischen Einführung werden Ausführungen zur Homogenisierung von Erzhalden, zu verschiedenen Aufbereitungsverfahren von Kohle, Bleierz, Glassand und Zinnerz (Kassiterit) abgedruckt. Methodische Untersuchungen beziehen sich vor allem auf Flotation, Herdanreicherung und Entwässerung von Konzentraten. Expertensysteme und der Einsatz von Computern zur Prozeßüberwachung werden beschrieben.

Von Interesse für den Bergbau- und Geologiehistoriker ist der Einführungsvortrag von H. E. COHEN „Mineralaufbereitung im Vereinigten Königreich", der die Entwicklung der Aufbereitung britischer Minerallagerstätten und ihre rechtlichen Grundlagen von 1190 bis heute sehr gestrafft darstellt.

Aufbereitungsstammbäume, Geräteskizzen bzw. -photos und eine Vielzahl graphischer Darstellungen ergänzen die Texte. Die Literatur ist nur selten älter als 1986.

P. KRÜGER

...

Uranium Deposits in Asia and the Pacific: Geology and Exploration

Proceedings of a Technical Committee Meeting Jakarta, 16—19 December 1985

Wien: International Atomic Energy Agency 1988. 341 S., ÖS 700.—

Die Broschüre ist ein Tagungsbericht des bereits im Dezember 1985 im indonesischen Jakarta veranstalteten Uran-Symposiums. Der Titel wurde in geographischer Hinsicht etwas großzügig gewählt, da die beschriebenen Vorkommen flächenmäßig nicht einmal die Hälfte des asiatischen Kontinentes berühren. Die 23 vorgestellten Beiträge beschäftigen sich überwiegend mit den Uranvorkommen Süd- und Ostasiens. Die Untersuchungsmethoden reichen von der metallogenetischen Rayonierung, der Plattentektonik, regionalen und lokalen Strukturanalysen über geochemische Explorationsprogramme, geophysikalische Messungen und Gesteinsformationsanalysen bis hin zur Geschichte der Uransuche und -erkundung in Japan und Indien. Dabei wird deutlich, daß in der Region zwischen Indonesien und China, Indien und Japan nahezu alle weltweit bekannten Lagerstättentypen auftreten: uranführende Konglomerate, Pegmatite und Phosphorite, Kontakt-, Gang-, Sandstein- und Infiltrationslagerstätten. Die Bedeutung dieses Lagerstättenpotentials im Weltmaßstab wird sehr vorteilhaft durch zwei einleitende Beiträge über die weltweite Entwicklung der Uranressourcen nach Kostenklassen, der Produktion und am Bedarf inklusive einer Prognose bis zum Jahr 2025 veranschaulicht. Auch die am Ende angefügten zusammenfassenden Berichte zweier Arbeitsgruppen über die Geologie des Urans und über die Suche und Erkundung von U-Lagerstätten tragen dazu bei, daß dieser Band sogar etwas mehr bietet, als sein Titel verspricht. Trotz der relativ langen Zeit, die von der Durchführung der Tagung bis zur Veröffentlichung des vorliegenden Materials verflossen ist, haben die inhaltlichen Aussagen keine wesentliche Aktualitätseinbuße erlitten. Wer einen umfassenden Einblick in die Uranlagerstättenwirtschaft Süd- und Ostasiens sowie eine allgemeine Gesamtübersicht über den Rohstoff Uran haben möchte, findet in dieser Broschüre, was er sucht.

M. SCHADE

KISVARSANYI, G.; GRANT, S. K. (Eds.)

North American Conference on Tectonic Control of Ore Deposits and the Vertical and Horizontal Extent of Ore Systems

Proceedings Volume

Rolla, Missouri: University of Missouri-Rolla 1988. 567 S., zahlr. Abb.

Der Band enthält insgesamt 51 Beiträge sowie im Anhang, neben dem Tagungsprogramm, 11 Abstracts einer 1987 abgehaltenen Tagung. Sie sind in vier große Kapitel mit Artikeln zu Erzlagerstätten in den alpidischen Orogengürteln, vor allem den Kordilleren (Au, Sn—W, U, Cu—Mo), zu Erzlagerstätten in kontinentalen Schilden und der proterozoischen Plattform des Midkontinents (Buntmetalle, Fe, Sn—W—Ag), zu Erzlagerstätten der paläozoischen Plattform des Midkontinents (Mississippi-Valley-Typ, Kupferschiefer) sowie zu Erzlagerstätten des Appalachen-Orogengürtels (Bunt- und Edelmetalle, Baryt) gegliedert. Die große Anzahl der Einzeldaten zu speziellen Lagerstätten und -distrikten wie auch die generalisierenden Beiträge zur strukturellen Kontrolle von Lagerstätten erlauben keine resümierende Darstellung. Als bemerkenswert muß aber die Betonung tektonischer Prozesse (plattentektonische Konzepte, Faltungs- und Bruchdeformationen) und mit ihnen verbundene Prozesse der Beckenbildung und des Magmatismus als kontrollierende Faktoren für die Bildung von Lagerstätten in Raum und Zeit gelten, die für die Ableitung sowohl regionaler Prognosen als auch lokaler Suchkonzeptionen genutzt werden und bei denen geochemische, geophysikalische und tektonische Untersuchungen komplex eingesetzt werden. Hervorzuheben ist ebenso, daß Modelle von Stoffumlagerungen, -remobilisationen und -konzentrationen durch komplexe thermisch-strukturelle Prozesse eine dominierende Rolle bei der Erklärung der Bildung von Stoffakkumulationen gegenüber juveniler Zufuhr spielen. Viele Beiträge machen aber auch deutlich, daß der konkrete Nachweis einer Lagerstätte bzw. die Rekonstruktion ihrer Genese von sehr spezifischen, oft lokalen Bedingungen abhängig ist und die möglichst umfassende Klärung des geologisch-strukturellen Baues in Raum und Zeit voraussetzt.

G. RÖLLIG

...

Anais do VII Congresso Latino-Americano de Geologia

Belém, Pará 6 a 13 de Novembro de 1988

Sao Paulo: Sociedade Brasileira de Geologia 1988. 617 S., 149 Abb., 63 Diagr., 55 Tab., Res. englisch

Der Kongreßbericht enthält 46 Arbeiten, die den beachtlich hohen Entwicklungsstand der geologischen Forschung einiger Länder Lateinamerikas widerspiegeln.

Anhand der mit Beiträgen vertretenen Länder ergibt sich ein unausgewogenes Bild der aktiven Kongreßbeteiligung bezogen auf

ganz Lateinamerika. Neben dem auffälligen Übergewicht von Beiträgen aus Brasilien entfallen auf die übrigen dort vertretenen lateinamerikanischen Länder Argentinien, Chile, Nikaragua, Bolivien, Französisch Guayana nur zehn wissenschaftliche Arbeiten. Das ist sicher nicht allein mit der Gastgeberrolle zu erklären, sondern wird als Ausdruck des respektablen geologischen Leistungspotentials Brasiliens gewertet.
Die Erwartung des interessierten Lesers, mittels dieses Kongreßberichtes einen aktuellen Überblick über die geowissenschaftlichen Aktivitäten möglichst vieler lateinamerikanischer Länder zu gewinnen, wird nur teilweise erfüllt. Dafür eröffnet sich dem Nutzer ein breiter Zugang zu neuen Untersuchungsergebnissen der geologischen Forschung Brasiliens.
Die gezielte Anwendung moderner Methoden (Bestimmung Seltener Erden, von Isotopenverhältnissen, absolute Altersdatierung, Zirkontypologie usw.) sowie eine plattentektonische Interpretation der Ergebnisse kennzeichnen die Solidität zahlreicher Beiträge.
Der Schwerpunkt der schriftlichen Wortmeldungen liegt auf den Themenkomplexen Lagerstättengeologie, Präkambrium Amazoniens, Geophysik und Vulkanismus, präkambrische Faltengürtel sowie Granite. Sie beinhalten vorwiegend die Quintessenz der Ergebnisse von Such- und Erkundungsarbeiten auf metallische Rohstoffe mit den Elementen Fe, Au, Sn, W, Ti, Cr, Pb, Zn, Cu, Mo, U.
Entgegen der Übersichtsangabe fehlen sämtliche Beiträge zu den angekündigten Komplexen Internationales Geotraversen-Programm, Stratigraphie und Sedimentologie sowie Umweltgeologie und -geophysik in Entwicklungsländern.
Ungeachtet der genannten Besonderheiten und redaktionellen Unterlassungen vermittelt der Kongreßbericht einen empfehlenswerten Einblick in ausgewählte Themen der geologischen Forschung auf dem lateinamerikanischen Kontinent.

H. U. THIEKE

Buchbesprechungen

RICHTER, D.

Ingenieur- und Hydrogeologie

Berlin—New York: Walter de Gruyder 1989. 605 S., 362 Abb., 79 Tab., 14 S. Lit., DM 124.—

Die Ingenieur- und Hydrogeologie sind Fachgebiete der Geowissenschaften, deren praktische und wissenschaftliche Bedeutung in den letzten Jahren stark zugenommen hat und die insbesondere durch ihre Umweltrelevanz weiterhin an Interesse und Bedeutung gewinnen werden. In beiden Fachgebieten wurden in der Vergangenheit zahlreiche neue Untersuchungsmethoden und -verfahren entwickelt, die in zunehmendem Maße auch von modernen mathematisch-physikalischen Aspekten getragen werden.
Mit diesem Buch hat es der Autor verstanden, in gedrängter, konzentrierter Form eine auf die Anforderungen von Lehre und Praxis zugeschnittene und didaktisch sehr gute Darstellung der Ingenieur- und Hydrogeologie vorzunehmen. Es kann dem Vorwort des Autors gefolgt werden, daß sich das Buch insbesondere an Geowissenschaftler und Bauingenieure wendet. Darüber hinaus bildet das Buch eine gute Grundlage sowohl für Studierende als auch Praktiker. Die behandelten Fachgebiete „Ingenieurgeologie" bzw. „Hydrogeologie" werden in 5 bzw. 9 Kapitel untergliedert. Im einzelnen werden in dem Teil „Ingenieurgeologie" die Fachkapitel

- Die Gesteine und ihr geomechanisches Verhalten
- Ablauf einer ingenieurgeologischen Untersuchung
- Untersuchungsmethoden zur Erkundung des Untergrundes
- Allgemeine Aufgaben der Ingenieurgeologie

und in dem Teil „Hydrogeologie" die Fachgebiete

- Die Bildung des Grundwassers
- Die Bewegung des Grundwassers
- Die Beschaffenheit des Grundwassers
- Hydrogeologische Karten
- Grundwassererschließung und -erkundung
- Auswirkungen der Grundwasserentnahme
- Bewirtschaftung des Grundwassers und
- Schutz des Grundwassers

behandelt.
Die internationale Entwicklung innerhalb beider Fachgebiete findet in dem Werk Berücksichtigung. Wohltuend zu vermerken ist die inhaltlich-fachliche Ausgewogenheit zwischen den einzelnen Kapiteln. Die fachliche Betrachtung erfolgte unter Nutzung einer Vielzahl nationaler und internationaler Forschungsergebnisse, wobei die deutschsprachigen Autoren bei weitem überwiegen. Dadurch wird jedoch zugleich ein repräsentativer Überblick über die deutschsprachige Fachliteratur gegeben. Hervorzuheben ist weiterhin die gelungene Synthese zwischen verbaler Darstellung, knapper aber ausreichender mathematischer Untersetzung sowie den angemessenen Tabellen und dem Bildmaterial. Vermißt wird in dem Buch eine ausführliche Behandlung (methodische Grundlagen, inhaltliche Gestaltung usw.) der zunehmend an Bedeutung gewinnenden ingenieur- und hydrogeologischen Kartenwerke, die besonders bei wasserwirtschaftlichen Aufgaben, für Fragen des Umweltschutzes sowie für territoriale Problemstellungen genutzt werden. Hier ist eine Darstellung von einer Seite für hydrogeologische Karten — ingenieurgeologische Karten werden ganz negiert — nicht ausreichend. Darüber hinaus sollte die Bezeichnung „Böden" — in der ingenieurgeologischen Terminologie in der Definition nicht üblich — so wie sie der Autor im Kapitel 1.2. gebracht hat, besser durch den bereits von Klengel und Wagenbreth bzw. Reuter, Klengel, Pasek definierten Begriff „Lockergestein" ersetzt werden, denn ingenieurgeologische Untersuchungen sind nicht nur in „oberflächennahen Lockergesteinen" üblich bzw. erforderlich.

S. PUTSCHER

MÜCKE, A.

Anleitung zur Erzmikroskopie

mit einer Einführung in die Erzpetrographie

Stuttgart: Ferdinand Enke Verlag 1989. 187 S. 182 Abb., 31 Tab., 96 Lit., DM 78.—

Das Buch versteht sich als Anleitung für erzmikroskopische Arbeiten als Voraussetzung der Identifikation von Erzmineralen und -paragenesen. Es wendet sich an Studenten der Geowissenschaften und verwandter Fachrichtungen und füllt damit eine merkliche Lücke im deutschsprachigen Schrifttum seit mehreren Jahrzehnten. Mit Konsequenz beschränkt sich der Autor auf die Darlegung der für die Arbeiten im Auflicht notwendigen technischen und theoretischen Voraussetzungen, charakterisiert eingehend die Bestimmung der optischen Eigenschaften im reflektierten polarisierten Licht sowie weiterer mineraldiagnostischer Merkmale und gibt Anleitungen zur Bestimmung von Erzmineralen auf qualitativer und quantitativer Basis, wobei deren Möglichkeiten und Grenzen in einem gesonderten Kapitel herausgestellt werden. Angaben zur Photographie im Auflicht sowie zur Herstellung von Anschliffen folgen, etwas unmotiviert, Kapitel zu Erzgefügen und Mineralparagenesen. In einem Anhang wurde eine Zusammenstellung der im Text erwähnten Minerale vorgenommen und schließlich ein Personen-, Orts- und Sachregister angefügt.
Das Buch zeichnet sich dadurch aus, daß es eine unmittelbare Anleitung zum Arbeiten darstellt. Zahlreiche Hinweise zur praktischen Durchführung, zu Fehlermöglichkeiten und zur kritischen Bewertung der Untersuchungsergebnisse zeigen in gleicher Weise wie die tabellarische Auflistung der zu bestimmenden Parameter und die Gliederung in einzelne Arbeitsschritte langjährige praktische Erfahrung an. Qualitativ überwiegend sehr gute Zeichnungen und Anschliffaufnahmen unterstützen die didaktisch ansprechenden textlichen Darstellungen wirksam. Im Register sollte auf eine vollständige Aufnahme der im Text erwähnten Minerale sowie auf die konsequente Nennung der Staaten bei Ortsnamen geachtet werden.
Insgesamt liegt mit dem Buch ein Werk für die Lehre und Forschung vor, das seinem Titel in vollem Umfang gerecht und dem eine weite Verbreitung gewünscht wird.

G. RÖLLIG

OVČINNIKOV, L. N.

Obrazovanie rudnych mestoroždenij (Bildung von Erzlagerstätten)

Moskva: Izd. Nedra 1988. 255 S., 65 Abb., 24 Tab., 50 Lit., Rbl. 1.40

Das Buch ist das Resultat langjähriger praktischer und theoretischer Arbeiten des Autors sowie einer kritischen Analyse internationaler Literatur. Es spiegelt fast ausschließlich die Vorstellungen des Autors wider und kann nicht alle Aspekte des Erzbildungsprozesses umfassen; ein in Arbeit befindliches zweites Buch „Angewandte Geochemie" soll dann weitere Fragen behandeln. Das Buch ist in sieben Kapitel gegliedert:

1. Methodologische Grundlagen der Untersuchung von Erzbildungsprozessen
2. Vorgeschichte und allgemeine Voraussetzungen (Gesetzmäßigkeiten) der Erzbildung
3. Ursprung des Erzes und erzbildender Lösungen
4. Faktoren der Erzmobilisation und -migration
5. Geologische Prozesse und Erzbildung
6. Medium, Mechanismus und Bedingungen der Erzablagerung
7. Zusammenfassendes genetisches Modell einer Erzlagerstätte

Im 1. Kap. wird neben den methodologischen Grundlagen ein kurzer Überblick über die verschiedenen angewandten Untersuchungsmethoden gegeben. Das 2. Kap. behandelt die Verbreitung und die Verteilungsgesetzmäßigkeiten der Metalle im Sonnensystem und in der Erdkruste und erläutert grundlegende Gesetzmäßigkeiten bei der Bildung von Erzkonzentrationen. Auf die verschiedenen Möglichkeiten des Ursprungs des Erzes bzw. erzbildender Lösungen (intratellurische Lösungen, Magmatismus, Metamorphismus, lokale Mobilisation) geht das 3. Kap. ein. Als wichtigste Faktoren der Erzmobilisation werden vom Vf. verschiedene Formen der Absonderung aus magmatischen Schmelzen sowie die Abfuhr von Metallen aus Gesteinen unter Einwirkung flüssiger oder gasförmiger Komponenten in breitem Temperaturintervall angesehen (Kap. 4). Außerdem sind umfangreiche Analysen über Zusammensetzung, Eigenschaften und inneren Aufbau erzbildender Lösungen Inhalt dieses Kapitels. Den Schwerpunkt des Buches bildet das 5. Kap. Hier werden neben Darlegung geodynamischer Aspekte der Erzbildung sowie einer Klassifikation von Erzlagerstätten auf Grundlage genetisch-formationeller Kriterien vor allem die Zusammenhänge zwischen Erzbildung und Magmatismus, Metamorphismus sowie sedimentären Prozessen geschildert und anhand von Beispielen von bekannten Lagerstätten untermauert. Eine wertvolle Hilfe sind dabei auch die zahlreichen Abbildungen. Im 6. Kap. erfolgt im wesentlichen eine Darstellung der vielseitigen Mechanismen, die zur Abscheidung von Erzen führen können. Das 7. Kap. schließlich enthält anstelle einer Zusammenfassung den interessanten Versuch, den (genetischen) Typ von Erzlagerstätten als eine Art Integralfunktion aller relevanter Bildungsfaktoren darzustellen.
Das Buch wird allen Geologen, die in irgendeiner Art und Weise mit der Bearbeitung von Erzlagerstätten zu tun haben, empfohlen.

B. Pötzsch

Thalmann, F.; Schermann, O.; Schroll, E.; Hausberger, G.

Geochemischer Atlas der Republik Österreich. Böhmische Masse und Zentralzone der Ostalpen – Bachsedimente

Wien: Geologische Bundesanstalt 1989. 36 Karten; Textteil 141 S., 6 Taf., 47 Abb., 5 Tab.

Der durch die Arbeitsgemeinschaft VOEST-ALPINE – Bundesversuchs- und Forschungsanstalt Arsenal – Geologische Bundesanstalt erarbeitete geochemische Atlas umfaßt die Kristallinanteile der Republik Österreich. Es wurden 35 Karten der Verteilung der Elemente Ag, Al, As, Ba, Be, Ca, Ce, Co, Cr, Cu, Fe, Ga, K, La, Mg, Mn, Mo, Na, Nb, Ni, P, Pb, Rb, Sb, Sc, Sn, Sr, Th, Ti, U, V, W, Y, Zn und Zr in den Bachsedimenten der Fraktion $< 0{,}18$ mm im Maßstab 1:1 Mill. dargestellt. Außerdem ist eine geologische Karte im gleichen Maßstab beigegeben. Die mehrfarbigen Karten sind im Rasterverfahren (Rasterzelle 1×1 km) hergestellt und enthalten jeweils noch eine Übersicht der Detailkarten 1:50000, die Verteilung und Abarbeitung der Probenahmegebiete, Angaben zur Probenahme, zur Analytik, zur Geostatistik, die Häufigkeitsverteilung der Analysenwerte (jeweils 9 Klassen) für die Teilgebiete der Böhmischen Masse und der Zentralzone, die wichtigsten statistischen Parameter und ein geologisches Schema. Insgesamt wurden 29717 Bachsedimentproben genommen. Das entspricht einer Probenahmedichte von 1 Pr./1,4 km^2. Diese Probenahmedichte ist für einen Probenahmemaßstab von 1:100000 bis 1:200000 ausreichend, was für eine sehr hohe Belegungsdichte der Karten spricht. Im ausführlichen Textteil werden Angaben zur angewendeten Methodik, zur Darstellung der Ergebnisse und zu den Kartenerläuterungen gemacht. Diese Kartenerläuterungen stellen mit ihren Angaben zur geogenen (Gesteine, Minerale, Konzentration, Wasser, Verwitterung, Biofunktion) und technogenen Geochemie, zur Datenbewertung (Probenahme, Analytik, Vergleichs- und Bezugsdaten, Gesamtbewertung) und zur regionalen Elementverteilung (Böhmische Masse, Zentralzone) einen großen Fortschritt gegenüber bisher erschienen geochemischen Atlanten dar. Der Druck der Rasterkarten und der Erläuterungen ist von hoher Qualität. Die Einbandgestaltung bietet nicht nur ein Spitzenprodukt der digitalen Bildverarbeitung, sondern auch die künstlerisch ästhetische Darstellung einer alpinen Landschaft.

J. Rentzsch

Van Zyl, D. J. A.; Hutchison, I. P. G.; Kiel, J. E. (Eds.)

Introduction to Evaluation, Design and Operation of Precious Metal Heap Leaching Projects

Littleton, Colorado: Society of Mining Engineers, Inc. 1988. 372 S., zahlr. Abb., Tab., Lit.

Die Haufenlaugungstechnologie an Edelmetallerzen ist reichlich 20 Jahre alt. Viele Erkenntnisse und Erfahrungen konnten in dieser Zeit gewonnen werden. In diesem Buch sind sie erstmals zusammengestellt worden. Das ist unbestreitbar ein Verdienst. Allen Beteiligten soll dafür ein Dankeswort gesagt werden.
Der Gesamtkomplex wird in drei Hauptabschnitte und insgesamt 15 Kapitel gegliedert.

I. Grundlagenaspekte, 3 Kap., 60 S.
II. Wesentliche Elemente der Haufenlaugung, 9 Kap., 145 S.
III. Kritische Erörterungen zum Projekterfolg, 3 Kap., 70 S.

Jedes Kapitel stellt eine in sich geschlossene wissenschaftliche Arbeit dar. Der Text wird meist durch Abbildungen und Zahlenmaterial sinnvoll ergänzt, und Schrifttumshinweise runden das Bild ab.
Sehr angenehm wird empfunden, daß durch 25 zweckdienliche Photographien die Haufenlaugung dem Leser visuell näher gebracht wird. Ebenso begrüßenswert ist es, daß in Ergänzung zu den Literaturhinweisen bei den einzelnen Kapiteln im Anhang eine mehr als 200 Arbeiten umfassende Bibliographie aufgestellt ist.
Insgesamt ist das Buch für jeden unentbehrlich, der sich mit Fragen der Laugung von Erzen beschäftigt.
Für Geowissenschaftler soll noch ausdrücklich darauf aufmerksam gemacht werden, daß in den Kapiteln 13 und 14 die Chemie und Geochemie sowie die Zerstörung von Cyaniden behandelt werden.

W. Jung

Solodov, N. A.; Semenov, E. I.; Burkov, V. V.

Geologičeskij spravočnik po tjaželym litofil'nym redkim metallam (Geologisches Handbuch schwerer lithophiler seltener Metalle)

Moskva: Izd. Nedra 1987. 439 S., 1 Abb., 118 Tab., 49 Lit., Rbl. 1.80

Dieses Nachschlagewerk setzt die 1986 von den Autoren mit dem „Geologischen Handbuch leichter lithophiler seltener Metalle" begonnene Reihe über die seltenen Metalle eindrucksvoll fort. Die drei großen Komplexe dieses Buches entsprechen sowohl im Umfang als auch in der Form Monographien zu den Elementen Niob und Tantal, Zirkonium und Hafnium sowie Yttrium und der Gruppe der Lanthanoide.
In übersichtlicher Form beschreiben die Autoren die Entdeckungsgeschichte, physikalische und chemische Eigenschaften, Mineralogie und Geochemie dieser Elemente und geben einen Überblick über ihre Verbreitung in den wichtigsten Typen magmatischer, metamorpher und sedimentärer Gesteine sowie in natürlichen Wässern. Es werden die verschiedenen Erzformationen sowie die industriell nutzbaren paragenetischen Typen seltener Metalle charakterisiert und die Verteilung der Weltvorräte auf die verschiedenen Formationen und Lagerstättentypen dargestellt. Gleichzeitig wird die Bindung an tektonische Strukturzonen und die verschiedenen metallogenetischen Epochen untersucht.
Des weiteren vermitteln die Autoren Kenntnisse zur Suche, Erkundung, Bewertung und Vorratsberechnung von Seltenmetall-Lagerstätten. Sie machen darüber hinaus Ausführungen zu Problemen der Analytik dieser Erze sowie zu ihrer Aufbereitungstechnologie und damit in Zusammenhang stehende ökonomische Fragen.
Dieses Handbuch, das einen mehr als 30jährigen praktischen Erfahrungsschatz vermittelt, stellt ein ausgezeichnetes Nachschlagewerk nicht nur für Geochemiker und Metallogenetiker, sondern auch für Aufbereitungsfachleute, Metallurgen und Analytiker dar.

W. Schulze

AŠICHMINA, N. A.; BOGATIKOV, O. A.; DIKOV, JU. P. u. a.

Prirodnye stekla – indikatory geologičeskich processov (Natürliche Gläser – Indikatoren geologischer Prozesse)

Moskva: Izd. Nauka 1987. 157 S., 57 Abb., 23 Tab., 113 Lit., Rbl. 2.50

In der Monographie sind die Forschungsergebnisse über natürliche Gläser verschiedener Genese von der Erde und vom Mond dargelegt, die im Rahmen einer bilateralen Zusammenarbeit zwischen den Akademien der Wissenschaften der UdSSR und der ČSSR erarbeitet wurden. Das seit 1981 bearbeitete Thema lautete *Vergleichende komplexe Untersuchung lunarer Gläser und Gläser der Erdkruste endogener und exogener Herkunft.*
Zahlreiche Autoren berichten in folgenden Kapiteln über

- eine geologische Klassifizierung natürlicher Gläser
- allgemeine Kenntnisse glasbildender Prozesse
- die geologische Position
- die Oberfläche glasiger geologischer Körper und die Textur natürlicher Gläser
- den Chemismus der Gläser
- die strukturelle Charakterisierung der Gläser und vorkristalline Ordnungszustände der Schmelze
- die atomare Zusammensetzung und
- die Evolution der Magmen.

Aus der Verknüpfung von geologisch-petrographischen sowie petrochemisch-mineralogischen Untersuchungen werden Indikatoreigenschaften abgeleitet und die Bedingungen der Prozesse auf der Erde und auf dem Mond diskutiert. Abschließend kommen die Autoren zu dem Schluß, daß die Magmenschmelzen unterschiedliche polydisperse Systeme durchlaufen und die Eigenschaften sowie die Kristallisationsneigung der Gläser sehr von den Fluida und den energetischen Bedingungen abhängen.
Die Autoren empfehlen das Buch Geologen, Petrographen und Mineralogen. Aus Sicht des Rezensenten ist es eine Zusammenfassung des Wissens ohne Überraschungen.

H.-J. BLANKENBURG

ŠVANOV, V. N.

Petrografija pesčanych porod (Petrographie der Sandsteine)

Leningrad: Izd. Nedra 1987. 269 S., 48 Abb., 32 Tab., 63 Lit., Rbl. 1.30

Erstmals in der Sowjetunion wird eine stofflich orientierte Petrographie sandiger Gesteine vorgelegt. Sie geht von Untersuchungsmethoden und der Partikelherkunft bzw. -natur und ihrer stofflich-quantitativen Bestimmung in geraffter Darstellung aus.
Gesonderte Beachtung finden die detritischen mineralischen Bestandteile und die lokal angereicherten Nebengemengteile und Neubildungen in ihren stofflichen Eigenschaften.
Ein Kapitel befaßt sich mit den Zementen in struktureller und stofflicher Hinsicht und stellt wichtige Bezüge zum Bildungsraum und zu ihrer teufenabhängigen Bildungsweise her.
Die petrographische Klassifikation beleuchtet die klassischen Vorstellungen in moderner Lesart, woran sich Aspekte des chemischen Stoffbestandes anschließen. In getrennten, ausführlichen Kapiteln werden oligomikte Quarzsandsteine, Arkosen, Grauwacken und die Gruppen der sogenannten adjunktiv-mineralischen Seifen und der Vulkanoklastite behandelt und durch Dünnschliffbilder anschaulich ergänzt. Abschließend werden Probleme der petrographischen Arbeiten in Sandsteinkomplexen herausgestellt.
Die moderne sowjetische und ausländische Literatur wird verarbeitet, wobei auf viele ins Russische übersetzte Lehrbücher zurückgegriffen wurde.
Der bedeutende Vorzug dieses Buches für unsere Leser ist neben der modernen Darstellung und der Systematik die Anwendung der Methoden auf Beispiele aus verschiedenen Sedimentbecken der Sowjetunion. Es ist kein ausgesprochenes Methodenbuch, sondern gibt anhand zahlreicher Schlüsselliteratur einen systematischen Überblick.

H. WELLER

BJØRLYKKE, K.

Sedimentology and Petroleum Geology

Berlin–Heidelberg–New York–London–Paris–Tokyo–Hong Kong: Springer-Verlag 1989. 363 S., 186 Abb., 417 Lit., DM 78.–

Mit dem vorliegenden Buch schließt der Autor eine seit längerer Zeit bestehende Lücke auf dem Erdöl-Erdgas-Sektor. Es ist ihm gelungen, einen hervorragenden Überblick über eine Vielzahl von Wissenschaftsdisziplinen zu geben, die für eine Einschätzung der Erdöl-Erdgas-Perspektivität unerläßlich sind. Jedes Kapitel ist in sich weitgehend abgeschlossen, mit weiterführender Literatur versehen und weist einen Kenntnisstand bis Mitte der achtziger Jahre auf. Das Spektrum des Buches reicht von einem lehrbuchartigen Überblick bis zu ganz speziellen Arbeitsergebnissen. Wie bereits aus dem Titel des Buches ersichtlich, wird den sedimentologischen Prozessen eine zentrale Bedeutung beigemessen. Schwerpunkt bildet dabei die Gesamtproblematik der sedimentären Fazies, speziell im Hinblick auf unterschiedliche Sedimentationsbedingungen sowie daraus abzuleitender Diageneseprozesse. Eine Charakterisierung der Sandsteine, Karbonate, Tonsteine und Evaporite wird ebenso gegeben wie die Darstellung von Ergebnissen der Bio-, Litho- und Magnetostratigraphie sowie Radiometrie und Bohrlochgeophysik. Im zweiten Teil des Buches werden dann die eigentlichen erdöl-erdgasgeologischen Parameter sowie Genese, Migration und Akkumulation von Kohlenwasserstoffen abgeleitet. Den Abschluß bildet ein kurzes Kapitel über die Zusammenhänge zwischen Plattentektonik und Kohlenwasserstoffperspektivität.
Obwohl das Buch kein Lehrbuch im klassischen Sinne darstellt, ist es jedoch für den in der Forschung und Praxis tätigen Erdöl-Erdgas-Geologen sowie für Studenten ein wichtiges Nachschlagewerk, in dem der aktuelle internationale Stand jederzeit gegeben ist.
Das Buch ist gut gegliedert und verständlich geschrieben. Eine Vielzahl von instruktiven Zeichnungen, Tabellen und Photos sowie ein ausführliches Literaturverzeichnis tragen zur Übersicht und Verständlichkeit wesentlich bei.

N. HOFFMANN

FABER, E.; DUMKE, I.; OTT, A.; POGGENBURG, J.

Weiterentwicklung von Isotopenverfahren für die Kohlenwasserstoff-Exploration

Hamburg: Dt. Ges. f. Mineralölwiss. u. Kohlechemie 1986. 56 S., 30 Abb., 8 Tab., 46 Lit., DM 28.–
(DGMK-Forschungsbericht 298)

Durch methodische Weiterentwicklung wurde ein Verfahren erarbeitet, um an Spurenmengen bis herab zu 50 µl Methan nicht nur den C-13-, sondern auch den Deuterium-Gehalt zu messen. Das eröffnet die Möglichkeit, auch an Spurenmengen von Kohlenwasserstoffen aus Bohrproben die bewährte Methode des kombinierten Einsatzes von C-13- und D-Gehalten für die Klärung genetischer Fragen einzusetzen. Es können zahlreiche Analysendaten auch aus den Horizonten gewonnen werden, aus denen größere Gasmengen nicht zu entnehmen sind. Die Methode bietet außerdem die Möglichkeit, die Isotopenmessungen auf Spurenkonzentrationen von Äthan oder weiteren Kohlenwasserstoff-Komponenten für solche Proben anzuwenden, die in größeren Mengen verfügbar sind.
Die an Standardgas bzw. Standardgas-Luft-Gemischen getestete Untersuchungsmethode wurde auf geologisches Probenmaterial aus den Bohrungen Bromberg 1, Worms 4 und Biebesheim 2 angewendet. Untersucht wurden hauptsächlich Head Space Gase und Cutting Gase von eingedosten Bohrproben (gereinigtes Bohrklein mit Wasser und Natriumazid als Bakterizid). Da an der Richtigkeit der Meßwerte für C-13 und D keine Zweifel bestehen, ergeben sich Schwierigkeiten bei der Interpretation der Ergebnisse.
Die Einstufung der vielen Einzelproben in genetische Gasgruppen unter Einbeziehung der Gaszusammensetzung schafft gute Unterscheidungsmöglichkeiten. Es zeigt sich aber, daß viele der Proben für den Horizont nicht repräsentativ sein können. Nicht erklärbar sind die erheblichen Unterschiede zwischen den Cutting Gasen und Head Space Gasen der gleichen Bohrproben sowohl für C-13 als auch für D. Der Gasinhalt der Cuttings verteilt sich in den Probenbehältern auf die verschiedenen Phasen, d. h., daß ein Teil in die Gasphase übertritt und sich mit Luft vermischt (Head Space Gas), während sich das übrige Gas in Wasser löst bzw. als Restgas in den Cuttings verbleibt. Durch die Verteilung zwischen den Phasen ist aber eine grundlegende Veränderung der Isotopenverteilung und damit eine Veränderung der genetischen Charakteristik nicht möglich. Dafür sind die Isotopieeffekte dieser Prozesse zu gering. Es ist daher die angedeutete Vermutung sehr wahrscheinlich, daß während der Probenlagerung in den Dosen bakterielle Vorgänge ablaufen, die für die bakterielle Signatur der meisten Head Space Gase verantwortlich sind.
Die Einschätzung der Repräsentanz von kleinen Gasproben und der daran gemessenen Parameter wird daher zum entscheidenden Faktor für die Richtigkeit der Aussagen. Auf die Beurteilung durch Beziehungen zu eindeutigen Makroproben (Beispiel Bromberg 1) kann daher nicht verzichtet werden. Bei eigenen C-13-Untersuchungen an z. T. sehr kleinen Gasmengen (Restgase aus der Entgasung von frischen Bohrkernen) konnte eine gute Überein-

stimmung mit repräsentativen Proben aus gasführenden Schichten festgestellt werden; Veränderungen der Gase durch Diffusion und Entlösung im Verlauf der Gasabgabe bzw. bei der Lagerung von Gasproben (Makroproben) infolge von Undichtigkeiten konnten nachgewiesen werden.

F. May

Korjagin, V. V.; Sacharov, Ju. P.

Matematičeskoe modelirovanie v sejsmorazvedke (Mathematische Modellierung in der seismischen Erkundung)

Moskva: Izd. Nauka 1988. 156 S., Rbl. 2.30

Es wird eine neue Technologie der Interpretation von seismischen Meßergebnissen dargelegt und ausführlich diskutiert. Diese Technologie kann man als Interpretation von seismischen Erkundungsdaten auf der Grundlage der mathematischen Modellierung bezeichnen. Für ihre Realisierung geschaffene EDV-Programme sind für zwei Computer bestimmt, die miteinander durch einen Verbindungskanal kommunizieren: ESER-Rechner für schnelle Berechnungen und SM-Rechner als intellektuelles Terminal. Dabei ist vorgesehen, daß der Geophysiker sich einer Sprache bedient, die der Fachsprache nahekommt.
Kern der iterativen mathematischen Modellierung ist die Entscheidungsfindung im Prozeß der zielgerichteten Korrektur von Modellparametern nach dem Vergleich der berechneten und gemessenen seismischen Felder.
Das Buch ist in fünf Kapitel unterteilt:
Im Kap. 1 werden die Fragen der Formulierung und Begründung der neuen Methode behandelt. In den Kap. 2 und 3 sind die konkreten Verfahren beschrieben, aus denen die Interpretationstechnologie besteht. Kap. 4 enthält die Algorithmen für die Lösung der Grundaufgabe, die bei der automatisierten Interpretation von seismischen Daten entstehen. Es handelt sich dabei um die Lösung direkter Aufgaben und die globale Optimierung der Funktionale Kap. 5 ist Beispielen gewidmet. Das neue Verfahren der seismischen Modellierung ist im erdölführenden Gebiet von Wolga-Uralsk angewandt, um dort die komplizierten abgeschirmten Fallen von Kohlenwasserstoffen zu finden. Damit wird nachgewiesen, daß die vorgeschlagenen neuen Verfahren geologische Aufgaben effektiv lösen können.

P. Kolyschkow

Takemoto, S. (Ed.)

Laser Holography in Geophysics

New York—Chichester—Brisbane—Toronto: John Wiley & Sons 1989. 229 S., 162 Abb., zahlr. Lit., £ 35.—

Die in diesem Buch zum ersten Mal besonders unter den Aspekten der Gesteinsphysik aufgearbeitete holographische Interferometrie kann als eine Erweiterung der optischen Interferometrie verstanden werden. Sie ist vor allem geeignet zur Untersuchung sehr kleiner dreidimensionaler Deformationen (in der Größenordnung der Laserlichtwellenlänge) an (auch unebenen) Gesteinskörpern. Der Vorteil solcher Messungen besteht weiterhin darin, daß kein mechanischer Kontakt zum Meßobjekt notwendig ist.
Zum Verständnis: das vom Laser über „Objekt"- und Referenzstrahl erzeugte Interferenzbild (Hologramm) wird mit einem in gleicher Weise erzeugten, durch geringfügige Lageänderung des Objektes jedoch modifizierten Interferenzbild überlagert. Die resultierende Aufzeichnung wird als „fringe pattern" bezeichnet. Die quantitative Auswertung solcher „fringe pattern" in bezug auf die Lageänderung des Objektes ist kompliziert, z. T. mehrdeutig und bei jeder Meßanordnung anders (die dargestellten Verfahrensweisen sind zwar klar, die Wege zur Interpretation der Ergebnisse m. E. etwas zu kurz gefaßt).
Das Buch ist im wesentlichen eine Vorstellung von Einzelarbeiten aus den letzten zehn Jahren, denen im Kap. 1 die fundamentalen Prinzipien der optischen Holographie und Interferometrie in kurzer und verständlicher Form vorangestellt sind. Kap. 2 ist Laboruntersuchungen an Gesteinsproben (Deformationen, Bruchererscheinungen unter Druck- und Temperaturveränderungen) gewidmet. Kap. 3 und 4 beschäftigen sich mit Strain-Stressmessungen in situ (kleine Bohrlöcher, Tunnel) vor allem in Hinblick auf seismische Überwachung und Ermittlung elastischer Eigenschaften des anstehenden Gesteines (m. E. könnte hier die Beschreibung konventioneller Strainseismometer etwas kürzer ausfallen). Im Kap. 5 ist die Anwendung von ESPI (electronic-speckle-pattern-interferometry) beschrieben; durch Anwendung von Videorecodern ist hierbei ein hoher Datendurchsatz/Zeiteinheit realisierbar, allerdings bei etwas geringerer Auflösbarkeit (gegenüber Photoplatten bei den klassischen Verfahren). In Kap. 6 sind Aspekte in Hinblick auf Fließvorgänge bei Flüssigkeiten und Gasen aufgezeigt.
Die Art und Weise der Darstellung (Einzelarbeiten) bringt in einigen Fällen Wiederholungen und Überschneidungen mit sich. Günstig ist, daß jedem Kap. eine Zusammenfassung und Literaturzusammenstellung beigefügt sind. Das Buch spricht vor allem jene Geophysiker an, die sich im Labor und Bergbau (evtl. auch Ingenieurgeophysik) mit Gesteinsuntersuchungen befassen.

V. Krug

Lomakin, E. A.; Mironenko, V. A.; Šestakov, V. M.

Čislennoe modelirovanie geofil'tracii (Numerische Modellierung der Geofiltration)

Moskva: Izd. Nedra 1988. 228 S., 31 Abb., 11 Tab., 50 Lit., Rbl. 0.73

Die Monographie behandelt vorrangig Probleme der numerischen Modellierung von Strömungsvorgängen in der Hydrogeologie, beinhaltet jedoch keineswegs das gesamte Gebiet der Geofiltration. Dabei nimmt die Darstellung der Entwicklung von numerischen Simulationsmodellen mit den bekannten Differenzenverfahren einen breiten Raum ein, ohne den didaktischen Aufbau eines Lehrbuches aufzuweisen. Weiterhin werden einige halbanalytische Lösungsverfahren dargestellt.
Die Anwendung der bekannten Modelle wird vor allem an Aufgaben demonstriert, die bei mehrschichtigen Aquifern von Bedeutung sind. Hierbei sind allerdings die graphischen und tabellarischen Darstellungen der Ergebnisse zu spärlich, um dem Anwender eine ausreichende Einsicht in die Wirkung verschiedener Einflußgrößen zu vermitteln. Schlußfolgernd muß daher festgestellt werden, daß die vorgelegte Monographie keine prinzipiell neuen Resultate gegenüber den Büchern enthält, die von Luckner & Schestakow (Šestakov) im Deutschen Verlag für Grundstoffindustrie 1975 und 1986 veröffentlicht wurden.

H. D. Voigt

Jahn, R.

Böden Lanzarotes

Vorkommen, Genese und Eigenschaften von Böden aus Vulkaniten im semiariden Klima Lanzarotes (Kanarische Inseln)

Stuttgart: Verlag Eugen Ulmer 1988. 257 S. 107 Abb., 67 Tab., DM 58.—
(Hohenheimer Arbeiten)

Diese Dissertation behandelt ein ganz spezielles Thema in detaillierter und umfangreicher Form. Das Untersuchungsgebiet und seine Lage im semiariden Bereich sind zwar nicht mit heimischen Verhältnissen vergleichbar, jedoch ist die Methodik der Untersuchungen und die Bestandsaufnahme aller vorkommenden Einheiten in Tabellen und Erläuterungen sowie ihre nachfolgende Interpretation beispielgebend für das Herangehen an ein solches Thema.
Als Einführung werden alle lokalen Faktoren dargestellt, die bei der Bodenbildung und den Nutzungsmöglichkeiten eine Rolle spielen. Dieses Prinzip der allgemeingültigen Einleitung in die jeweils behandelten Verhältnisse wird durchgehend für die einzelnen Kapitel beibehalten. Breiten Raum nimmt die Auswertung der Laborarbeiten ein (z. B. Granulometrie, petrochemische Analytik, Beschreibung der Oxide und Tonminerale), ebenso die Beschreibung der bodenbildenden Prozesse. Eine zusammenfassende Diskussion stellt die Verbindung her zur Bodenentwicklung unter humideren Bedingungen, damit werden die beschriebenen Verhältnisse als Teil des Gesamtkomplexes „Böden" betrachtet.
Die Arbeit ist ein exzellenter Beitrag zur Bodenkunde, der durch seinen in sich geschlossenen Aufbau und die präzise Abhandlung der ineinandergreifenden Probleme besticht, zudem wird er ergänzt und aufgelockert durch instruktive Abbildungen und Tabellen sowie ein umfangreiches Literaturverzeichnis.

H. Patze

Jubiläum auf Helgoland

Vor 100 Jahren tauschte das Deutsche Reich „sein" Zanzibar gegen das englische Helgoland. Der Helgoland-Zanzibar-Vertrag wurde am 1. Juli 1890 gültig.
Es war nicht der erste Besitzer-Wechsel. — Das von Friesen besiedelte Helgoland kam 1402 an Schleswig, ab 1714 gehörte es den Dänen, die es 1814 an die Briten abtreten mußten. Wie die Briten ihren Stützpunkt in der Deutschen Bucht, so bauten die Deutschen die Insel zum überdimensionalen Marinestützpunkt aus. Was die Alliierten dann 1945 noch übrigließen, sollte dann im Frühjahr 1947 auf Beschluß der Engländer vollkommen dem Meere gleichgesprengt werden. Das gelang glücklicherweise nicht ganz, jedoch verlor das Oberland fast ein Fünftel seiner Fläche.
Das weltweit bekannte geologische Denkmal ist geblieben, auch wenn Sturm, Regen, Eis und Brandung es Jahr für Jahr weiter reduzieren. — Enorm viel wurde für den Schutz getan. Dennoch — Betonmauern und Wälle können nur aufhalten. Die 56 m hohe „Lange Anna" wäre längst in den Fluten versunken, hätte man ihren Sockel nicht mit Beton vollgepumpt. Trotz großer menschlicher Anstrengungen wird der relativ weiche Buntsandstein irgendwann unterliegen...
Vorerst aber feiern die Helgoländer mit ihren Gästen einen ganzen Sommer lang.

A. Sobe

Bezugsmöglichkeiten der „Zeitschrift für angewandte Geologie"
Bestellungen sind zu richten
— **in der DDR** an den Postzeitungsvertrieb unter Angabe der Kundennummer des Bestellenden oder an den Akademie-Verlag Berlin, Leipziger Straße 3—4, DDR-1086 Berlin;
— **in der BRD und Berlin (West)** an eine Buchhandlung oder die Auslieferungsstelle KUNST und WISSEN, Erich Bieber GmbH, Ein Unternehmen der Faxon-Gruppe, Postfach 102844, D-7000 Stuttgart 10;
— **in den übrigen Ländern** an den internationalen Buch- und Zeitschriftenhandel bzw. an die Auslieferungsstelle KUNST UND WISSEN, Erich Bieber GmbH, Ein Unternehmen der Faxon-Gruppe, Stampfenbachstr. 73, Postfach, CH-8035 Zürich, an den zuständigen Postzeitungsvertrieb des Landes bzw. an den Akademie-Verlag Berlin, Leipziger Str. 3—4, DDR-1086 Berlin.

Zeitschrift für angewandte Geologie
Herausgeber: Zentrales Geologisches Institut, Berlin.
Chefredakteur: Doz. Dr. sc. B. Kölbel, Berlin, Fernruf: 2363997.
Verantwortl. Redakteur: Dipl.-Geoln. Andrea Sobe; Dipl.-Geol. Berthold Dorn, Dipl.-Min. Krüger
Anschrift der Redaktion: Kastanienallee 69, DDR-1054 Berlin; Fernruf: 2806334.
Verlag: Akademie-Verlag Berlin, Leipziger Straße 3—4, DDR-1086 Berlin; Stellv. Cheflektor Zeitschriften: Armin Beck; Fernruf: 2236201 oder 2236229; Telex-Nr.: 114420; Bank: Staatsbank der DDR, Berlin Kto.-Nr. 6836-26-20712.
Veröffentlicht unter der Registriernummer 1279.
Gesamtherstellung: VEB Druckhaus „Maxim Gorki", DDR-7400 Altenburg.
Erscheinungsweise: Die Zeitschrift erscheint jährlich in einem Band zu 12 Heften. Bezugspreis je Band 204,— DM zuzüglich Versandspesen. Bezugspreis je Heft 17,— DM. Der gültige Jahresbezugspreis für die DDR ist der Postzeitungsliste zu entnehmen.
Bestellnummer dieses Heftes: 1047/36/8.
Alleinige Anzeigenannahme: DEWAG-Werbung, Wilhelm-Pieck-Straße 49, DDR-1054 Berlin, und alle DEWAG-Betriebe und Zweigstellen der Bezirke der DDR.

AN (EDV) 46337
00650

FSC
www.fsc.org
MIX
Papier | Fördert
gute Waldnutzung
FSC® C083411

Kolibri 360 GmbH
Ferdinand-Jühlke-Straße 7
99095 Erfurt, Deutschland
produktsicherheit@kolibri360.de